Fachbuchreihe

Dachab dicht ung
Dachbe grün ung

Sonderband Abdichtung

Wolfgang ERNST

Fachbuchreihe
Dachab dicht ung Dachbe grün ung

Sonderband Abdichtung

Über 100 Bahnen und Beschichtungen
im direkten Qualitätsvergleich

Auszugsweiser Nachdruck von Teil I und II mit
Zusammenfassungen in englischer und französischer
Sprache

ISBN 3-00-013967-2

Testauswertung: W.Ernst, C. Renz

Fachübersetzung:
- Englisch: Wordshop, München
- Französisch: N. Stephan-Gabinel, München

Layout: Creativ Design, Pullach i.I.

Herstellung: ESTA Druck GmbH, Polling/Obb.
Printed in Germany

Herausgegeben im Eigenverlag:
Wolfgang ERNST, D - 82049 Pullach i.I. **(2004)**

Inhalt - Contents - Sommaire

Inhaltsverzeichnis 5

I.   ZU DIESER AUSGABE

1.   Vorwort 9
2.   Flachdachmarkt in Europa 10
3.   Einlagige Bitumenabdichtungen 11
3.1.   Einleitung 11
3.2.   Information 11
3.3.   Langzeitbewährung 11
4.   Auswahlkriterien 13
4.1.   Werkstoffblätter 13
4.2.   Werkstoffnormung 13
4.3.   Funktionsnorm 13
4.4.   Anforderungkatalog 13
5.   Eigenschaftsunterschiede bei genormten Bahnen 14

II.   PRAXISORIENTIERTE TESTS

1.   Testbeschreibung 19
2.   Testdurchführung 22
2.1.   Übersicht der getesteten Bahnen 22
2.2.   Ausführungsrelevante Daten 24
2.2.1.   Test 01 - Kälteflexibilität 24
2.2.2.   Test 02 - Perforationsfestigkeit 26
2.2.3.   Test 03 - Zigarettenglut 26
2.2.4.   Test 04 - Hartlöttropfen 27
                   Summary Test 1- 4 / Résumé Essai 1- 4 29

2.3.   Künstliches Alterungsverhalten 30
2.3.1.   Test 05 - Fetteinwirkung 30
2.3.2.   Test 06 - Kältebruch 32
                   Summary Test 5 - 7 / Résumé Essai 5 - 7 34

2.4.   Biologische und chemische Einwirkungen 35
2.4.1.   Einleitung 35
2.4.2.   Test 08 - Lagerung in Kalkmilch 36
2.4.3.   Test 09 - Lagerung in Säurelösung 36
2.4.4.   Test 10 - Mikrobenbeständigkeit 37
2.4.5.   Test 11 - Hydrolysebeständigkeit 38
2.4.6.   Ergebnis 38
                   Summary Tests 8 - 11 / Résumé Essais 8 - 11 39

2.5.	Die neuen Tests	....	40
2.5.1.	Abwasserbelastung (Fischtest)	....	40
2.5.1.1.	Einleitung	....	40
2.5.1.2.	Problemstellung	....	40
2.5.1.3.	Lösungsansatz	....	41
2.5.1.4.	Testanordnung	....	42
2.5.1.5.	Testergebnisse	....	42
2.5.1.6.	Anmerkungen	....	42
2.5.2.	Kältekontraktion	....	43
2.5.2.1.	Einleitung	....	43
2.5.2.2.	Kältekontraktionskräfte	....	43
2.5.2.3.	Versuchsanordnung	....	44
2.5.2.4.	Testergebnisse	....	45
2.5.2.5.	Schlussbetrachtung	....	46
2.5.2.6.	Folgerung	....	46
	Summary - New tests	....	47
	Résumé - Les nouveaux tests	....	48

III.   AUSWERTUNGEN, VERGLEICHE, BEWERTUNGEN

1.	**Auswertungen** / Evaluations / Interprétations	....	49
1.1.	Werkstoffgruppe ECB	....	50
1.2.	Werkstoffgruppe EPDM/IIR	....	51
1.3.	Werkstoffgruppe EVA	....	52
1.4.	Flüssigbeschichtungen	....	53
1.5.	Werkstoffgruppe PVC	....	54
1.6.	Werkstoffgruppe TPO	....	55
1.7.	Werkstoffgruppe PYE	....	56
2.	**Vergleiche** / Comparisons / Comparaisons	....	57
2.1.	Bitumen - Kunststoff	....	57
2.2.	ECB - TPO	....	58
2.3.	Materialdicken	....	59
	Material thickness / Épaisseur du matériau	....	59
2.3.1.	PVC $\leq$1,5 mm / $\geq$1,8 mm	....	59
2.3.2.	TPO $\leq$1,5 mm / $\geq$1,6 mm	....	59
3.	**Bewertungen** / Assessments / Évaluations	....	60
3.1.	Bewertung der einzelnen Proben	....	60
	Assessments of the test pieces / Évaluation séparée des échantillons	....	61
3.2.	**Tendenzen** / Tendency / Tendances	....	63
3.2.1.	ECB und TPO	....	63
3.2.2.	Bemerkungen	....	63
3.3.	Gesamtbetrachtung	....	63
	General view / Considérations générales	....	63
4.	**Die besten Bahnen** / The best sheets / Les meilleurs lés	....	64
4.1.	Werkstoffgruppe ECB	....	64
4.2.	Wertstoffgruppe EPDM/IIR	....	65
4.3.	Werkstoffgruppe PVC	....	66
4.4.	Werkstoffgruppe TPO	....	67
4.5.	Werkstoffgruppe PYE	....	68
	Übersicht der besten Bahnen	....	69

IV.   ANFORDERUNGSPROFIL

1.	Einleitung	70
2.	Vergleich	70
2.1.	Veränderungen	70
2.2.	Hydrolyse	70
2.3.	Fortschreibung	70
2.4.	Anwendung	70
	Vergleich SIA V 280 / Anforderungsprofil	71
	Anforderungsprofil 2004	72
	Anlage: Prüfbeschreibung	73
	Requirements 2004	74

V.   BAUSTELLENGERECHTE VERARBEITUNG

1.	Einleitung	75
1.1.	Fortschreibung des Anforderungsprofils	75
2.	Heißluftverschweissung	75
2.1.	Einflussparameter	76
3.	Verschweißbarkeit	76
3.1.	Schweißtests	76
3.1.1.	Testanordnung	76
3.1.2.	Durchführung	76
3.1.3.	Aufzeichnung	77
4.	Testergebnisse	77
4.1.	Schweißfenster	78
5.	Zusammenfassung	79
	Summary - Welding / Rèsumè - Soudabilité	79
	Formblatt Schweißfenster	80
	Anex to specifications: Weld window	80
	Annexe au profil d'exigences d'après: Fenêtre de soudage	80

VI.   WURZELFESTIGKEIT

1.	Einleitung	81
2.	Wurzelbildung	81
3.	Durchwurzelungsfestigkeit	81
4.	Wertung der Prüfzeugnisse	82
4.1.	Einwurzelungen	82
4.2.	Rhizome	83
4.3.	Rezepturänderungen	84
4.4.	Listen und Zusammenstellungen	84
5.	Zusammenfassung	85
	Summary - Root resistance / Résumé - Résistance aux racines	86

VII.　FLACHDACHZUKUNFT

1.	Einleitung	87
2.	Erwartungshaltung	88
3.	Fachregeln	88
4.	Planungsleistungen	88
4.1.	Ausschreibung	89
4.2.	Vergabe	89
5.	Hinderungsgründe	90
5.1.	Falsches Preisbewusstsein	90
5.2.	Unverhältnismässigkeit	90
5.3.	Verantwortungsbewusstsein	90
5.4.	Mangelnde Fachkunde	90
5.5.	Allesverleger	90
6.	Informationsquellen	91
7.	Fachliche Betreuung	91
8.	Nachwort	92
	Final remarks	93
	Bilan	93

VIII.　TABELLEN

1.	Alle Testergebnisse	94
2.	Ergänzende Unterlagen	98
2.1.	Deklaration	98
2.2.	Wurzelfestigkeit	98
2.3.	Anwendung	98
	Fachbuchreihe, Dachabdichtung Dachbegrünung	99
	Fraunhofer IRB Verlag	100

Abbildung 1a, 1b:

Extensivbegrünungen als dauerhaft funktionssichere Dachbauweisen mit bauphysikalischen, ökologischen und ökonomischen Vorteilen.

I. Zu dieser Ausgabe

1. Sonderband Abdichtung

Vergleichende Warentests

Ein umfangreicher Eigenschaftsvergleich von 105 Kunst-
stoff-, Kautschuk-, Bitumenbahnen und Flüssigbeschichtungen von 39 Herstellern aus 11 europäischen Ländern
verdeutlicht die aktuelle Situation des europäischen
Flachdachmarktes.

Dem direkten Qualitätsvergleich liegen praxisorientierte
Tests (ERNST, 1992, 1999) zugrunde. Die Testergebnisse der einzelnen Produkte sind in Darstellungen und
Tabellen übersichtlich aufgelistet. Materialqualität und -
eigenschaften der wichtigsten Werkstoffgruppen sind
zusammenfassend gegenübergestellt. Erstmals wurde
auf Basis der Testergebnisse eine Bewertung der einzelnen Produkte vorgenommen. **Mit hervorragenden
Materialeigenschaften verdeutlichen die am besten
bewerteten Bahnen den heute machbaren Qualitätsstandard**. Geichzeitig wird aufgezeigt, dass es bei
»genormten« Bahnen erhebliche Qualitätsunterschiede
gibt.

Anforderungsprofil für alle Abdichtungen

Aus den praxisorientierten Tests resultiert ein **Anforderungsprofil für alle Abdichtungen**. Damit liegen erstmals
Anforderungen vor, die für alle Abdichtungsbahnen,
unabhängig von Werkstoff oder Bahnenaufbau, Gültig-
keit haben. »Hoffen wir, dass damit die Planer, Hersteller
und Verleger Dächer bauen, die bezüglich Nachhaltigkeit
und Ökologie einen Gewinn für die Gesellschaft erbringen bzw. die Nutzungsdauer erhöhen«(FLUELER bei
ERNST, 2003).

Das vorliegende Anforderungsprofil (ERNST,1999 und
ddDach, 2004) orientiert sich an der Funktion und Dauerhaftigkeit und damit am Nutzen einer Dachabdichtung.
Es grenzt sich damit von Vorgaben materialspezifischer
Kennwerte, wie sie in vielen Werkstoffnormen vorliegen,
deutlich ab. Die Bedürfnisse der interessierten Baubeteiligten sind damit am weitgehendsten umfänglich berücksichtigt.

Das Anforderungsprofil für alle Abdichtungen ist mittler-
weile **Stand der Technik**. Inzwischen wurden von 13 Her-
steller/Anbieter dem Autor Qualitätsnachweise für 26 Bahnen vorgelegt. Das zeigt, dass sich immer mehr Hersteller, diesen praxisorientierten Anforderungen stellen. Alle
Produkte sind zum Stand Juni 2003 bei ERNST gelistet.

Extensive Dachbegrünung

Langjährige Praxisuntersuchungen haben gezeigt, dass
es zwischen bekiesten, frei bewitterten und begrünten
Dachausführungen starke Abhängigkeiten hinsichtlich
dem Alterungsverhalten gibt. Bei Dächern mit Kiesauf-
last beschleunigen längere Einwirkung von Nässe, er-
höhter Staub-/ Schmutzanteil, verstärkte Tätigkeit von
Mikroorganismen aufgrund optimaler Bedingungen, sowie Verseifung und Hydrolyse unter pH-Wert-Verände-
rungen den Alterungsprozess. Die Funktionsdauer ist
deshalb bei frei bewitterten, mechanisch befestigten
Dachflächen höher als bei bekiesten Dächern.

Für eine noch höhere Funktionsdauer sorgen fachgerecht ausgeführte extensive Dachbegrünungen durch
ihre inzwischen nachgewiesene Schutzfunktion. Aus diesem Grund wurde die Abdichtungsthematik mit Ausführungen zur extensiven Dachbegrünung im ergänzenden
Teil III der Fachbuchreihe **Dachab dicht ung Dachbegrün ung** von ERNST, FISCHER, JAUCH, LIESECKE,
(Fraunhofer IRB Verlag 2003) fortgeführt.

Der Anwender erhält mit diesen beiden Bänden einen
umfassenden Überblick über die heute machbaren Möglichkeiten in Material und Leistung für Dachkonstruktionen, Abdichtung und extensiver Dachabgrünung aus
ökologischer, dauerhafter und nachhaltiger Sicht.

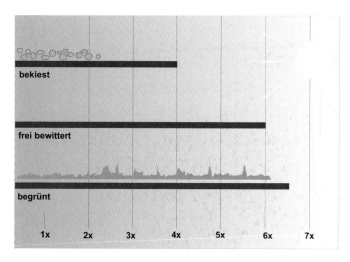

Darstellung 1:
Vergleich der Funktionsdauer einer gleichwertigen Abdichtung
bei verschiedenen Ausführungen (SPANIOL, Bau Info 1/94).

2. Flachdachmarkt in Europa

Der europäische Flachdachmarkt ist und bleibt ein interessantes Betätigungsfeld. Betrachtet man die einzelnen in der Vergangenheit veröffentlichten Marktanalysen und Studien, so entsteht manchmal der Eindruck, dass die Wunschvorstellung einiger Interessensgruppen höher sind als die Realität. Aus diesem Grund wurde für die nachfolgende Darstellung und Ausführungen der Mittelwert aus den bisher veröffentlichten Daten zugrundegelegt.

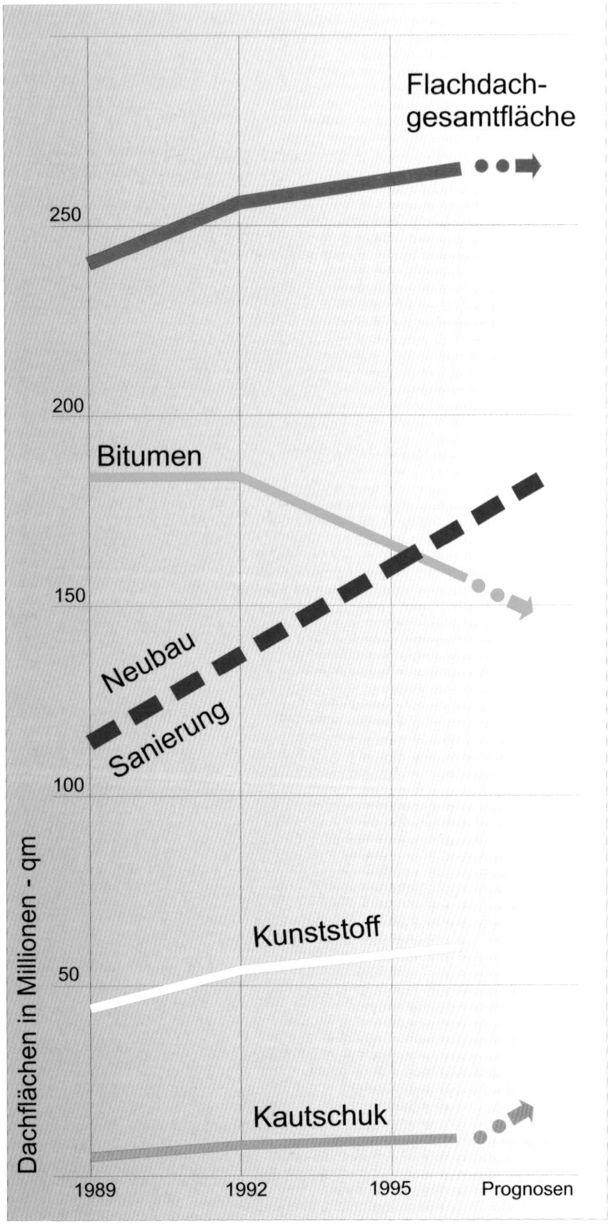

Aus den in Darstellung 2 zusammengefassten Daten lassen sich folgende Prognosen / Tendenzen ableiten:

- **Die Flachdach-Gesamtfläche dürfte mehr oder weniger stabil bleiben.**

- **Die prozentuale Aufteilung zwischen Neubau und Sanierung (53% : 47%) im Jahr 1990 und (39 % : 61 %) im Jahr 1995 wird in der Tendenz weiterhin anhalten, so dass zukünftig der Aufgabenbereich eindeutig bei der Sanierung liegt.**

Daraus resultiert eine höhere Anforderung an den Ausführenden und Planer, die für die vielfältigsten Bauweisen mit unterschiedlichsten Materialien, die jeweils beste Sanierungsmethode erarbeiten müssen. Pauschal- oder Standardlösungen, wie teilweise beim Neubau, sind nicht mehr möglich. Mehr als in der Vergangenheit sind individuelle bautechnische, bauphysikalische Anforderungen unter ökonomischen und zunehmend ökologischen Aspekten zu berücksichtigen. Das bedeutet, dass mehr denn je ein Aufklärungsbedarf über die Eigenschaften der einzelnen Funktionsschichten besteht.

Unter oben genannten Voraussetzungen ist es interessant die einzelnen Abdichtungsgruppen zu betrachten:

Bitumenabdichtungen
zeigen seit etwa 1992 abnehmende Tendenzen. Die Prognosen sind unterschiedlich. Während von Seiten der Bitumenindustrie eine leichte Zunahme prognostiziert wird, ist die Kunststoffindustrie weitaus pessimistischer. Möglicherweise ist hier der "goldene Mittelweg" , also weiterhin leicht abnehmende Tendenz, die Bestätigung der Realität.

Abdichtungen aus Kunststoff und Kautschuk
verzeichneten in den letzten Jahren eine leicht ansteigende Tendenz, die weiterhin anhalten dürfte. Wie hoch die Zuwachsraten sind, hängt im wesentlichen von der Entwicklung bei den Bitumenabdichtungen ab.

Innerhalb der Kunststoffgruppe stellen PVC-Bahnen mit ca. 55 % den größten Anteil. Ob dies so bleibt wird die Zukunft zeigen. Einige Hersteller haben bereits auf die zunehmend ökologische Diskussion mit Bahnen auf Werkstoffbasis Thermoplastische Polyolefine (TPO) als Alternative zu PVC reagiert. Dieser Schritt war sicherlich richtig, ob jedoch die "euphorischen" Zuwachsraten eintreffen, bleibt abzuwarten.

Für Dachbegrünungen gibt es leider noch keine europaweit verlässlichen Angaben zum Flächenanteil, so dass hier nicht darauf eingegangen werden kann.

Darstellung 2 :
Flachdachmarkt Europa in Millionen-m² (Quelle ddD).
European flat roof market in million square meters.
Marché des toitures planes en Europe (en millions de m²).

3. Einlagige Bitumenabdichtungen

3.1. EINLEITUNG

Der entscheidende Unterschied zwischen Bitumen- und Polymerbitumenbahnen liegt darin, dass letztere mit einer speziellen Ausstattung auch einlagig verlegt werden können. Aus der Tradition heraus ergeben sich dadurch andere Vorraussetzungen bei der Planung und vor allem bei der Ausführung. Eine flammenlose Nahtfügetechnik mit speziellen Schweißautomaten (Abbildung 5) hat sich bewährt.

Materialzusammensetzung, Ausrüstung, Verlegeart und Handling der neuen Polymerbitumengeneration nähern sich immer mehr den anderen Werkstoffen, so dass die Zusammenfassung aller Werkstoffgruppen nach ERNST unter dem Überbegriff **"Polymere Abdichtungen"** - (Darstellung 5) bestätigt wird.

3.2. INFORMATION

Laut DDH Edition stellen derzeit ca. 20 der im Rahmen dieser Publikation veröffentlichten Hersteller über 30 verschiedene Polymerbitumenbahnen her, die nach eigenen Angaben **ausdrücklich** für die einlagige Verlegung entwickelt wurden bzw. geeignet sind.

Bereits 1994 schlossen sich 8 der führenden Polymerbitumenbahnen-Hersteller in dem Arbeitskreis **EPTA** (Einlagige Polymerbitumen Träger Abdichtungen) zusammen. Ziel war es, im Sinne von Handwerk und Bauherrn, Verfahrensgrundsätze für die Verarbeitung einlagiger Abdichtungssysteme mit Polymerbitumenbahnen zu erarbeiten. Ergebnis ist die Technische Leitlinie EPTA vom Februar 1995.

Aus dem Vorwort der Leitlinie ist zu entnehmen, dass diese Technische Leitlinie aus den langjährigen Erfahrungen und dem Fachwissen der einzelnen Herstellerfirmen resultiert. Das erarbeitete Konzept stellt eine fundierte Basis für sichere Dachabdichtungen mit einlagigen polymeren Bitumenbahnen unter Einhaltung hoher Qualitätsstandards dar und trägt darüber hinaus den steigenden technischen, wirtschaftlichen und ökologischen Anforderungen Rechnung.

3.3. LANGZEITBEWÄHRUNG

„Während in Deutschland bituminös erstellte Dachflächen gemäß den Flachdachrichtlinien mehrlagig abgedichtet werden, setzt das benachbarte europäische Ausland bereits verstärkt auf die einlagige Abdichtung. Der Erfolg rechtfertigt die Methode, bei der innovative Technik und spezielle Polymerbitumenbahnen eingesetzt werden" (KREBBER, 1997).

Man braucht jedoch nicht in das benachbarte Ausland zu fahren, um sich Dächer mit einer Liegezeit von über fünfzehn Jahren anzusehen. Im Inland gibt es ausreichend Referenzprojekte, die teilweise mit Untersuchungsergebnissen die Langzeitfunktionstüchtigkeit belegen.

Schon 1991 hatte BRAUN darauf hingewiesen, dass die Frage der Einlagigkeit nicht eine Frage des Werkstoffes ist. Diese Ausage kann nach wie vor nicht als allgemeingültig bezeichnet werden. Sie wird jedoch durch die vergleichsweise besonders guten Testergebnisse einiger Polymerbitumenbahnen, die für die einlagige Verlegung entwickelt wurden bestätigt.

Abbildungung 2:
Einlagig verlegte Polymerbitumenbahn mit mechanischer Fixierung im Nahtbereich.
Polymer bituminized sheets applied in a single layer, with mechanical fixing at the seams.
Lé en bitume polymère (en pose monocouche) avec fixation mécanique au niveau des joints.

Abbildungung 3 (links):
13 Jahre alte Dachfläche (2 % Gefälle) mit einlagig verlegter Polymerbitumen- Dichtungsbahn, mechanisch befestigt, Nähte heissluftverschweißt.

Abbildung 4 (links unten):
Entnahmestelle für Langzeituntersuchung zur Feststellung des Alterungsverhaltens.

Abbildung 5 (unten):
Heißluft-Schweißautomat für Nahtverbindungen von einlagig verlegten Polymerbitumenbahnen.

Ausführungsart und Nahtfügetechnik sind langjährig bewährt und somit den Standardausführungen zuzuordnen.

Auszug aus Prüfbericht der MPA NRW (1998):

" *Das Dach zeigte zum Zeitpunkt der Besichtigung keine Schäden und war in einem optisch guten Zustand. Undichtigkeiten waren weder am Dachrand, in den Fügenähten, an Anschlüssen noch in der Fläche erkennbar. Hinweise auf eine Einschränkung der Funktionstüchtigkeit ergaben sich nicht*".

Studies of roofs with polymer bituminized sheets applied in a single layer with usage times of 6, 13 and 20 years prove long-term functional reliability.

Des vérifications effectuées sur des toitures équipées de lés en bitume polymère monocouche (après 6, 13 et 20 ans de service) confirment le maintien des performances dans le long terme.

4. Auswahlkriterien

Wer sich über Abdichtungen erkundigen will, der wendet sich im Regelfall an die bekannten Verbände, wie z.B.: **vdd, wdk** oder **dud.** Man kann von diesen Industrieverbänden Broschüren mit Werkstoffblättern von Dach- und Dichtungsbahnen beziehen, die ausschließlich der Darstellung und Auflistung von Produkten der Mitgliedsfirmen dienen. Nicht alle Hersteller sind jedoch Mitglied in den Verbänden.

4.1. WERKSTOFFBLÄTTER

Mit den vom ZVDH (Zentralverband des Deutschen Dachdeckerhandwerks) entwickelten Werkstoffblättern wird ausschließlich nur der Informationspflicht genüge getan, die den Herstellern durch die einschlägigen Regelwerke auferlegt wird. Im Vorwort der DUD-Werkstoffblätter findet man den erläuternden Hinweis:

*"Die werkstoffspezifischen Kennwerte der einzelnen Bahnen sind untereinander **nicht** vergleichbar. Sie dienen in erster Linie der Qualitätskontrolle und sollen vor allem die Gleichmäßigkeit der Produktion aufzeigen und die Übereinstimmung mit den in den Stoffnormen geforderten Werte sicherstellen. Aus den Kennwerten kann also **nicht** unbedingt darauf geschlossen werden, dass aufgrund der Größe der genannten Werte, die eine oder andere Bahn im Vergleich zu einer anderen Bahn qualitativ höher zu bewerten sei - oder umgekehrt"* (DUD, 1997).

GRUNAU hat schon 1990 erkannt, dass

"Normen und Richtlinien nichts über Dauerhaftigkeit von Leistung und Material aussagen. Dies ist wohl aus der Sicht des Herstellers (und der Industrieverbände) gar nicht angestrebt. Für den Bauherrn, Planer und Verarbeiter ist dies jedoch der wesentliche Punkt".

4.2. WERKSTOFFNORMUNG

„Normung in Deutschland, das war über Jahrzehnte Werkstoffnormung. Sie bündelte das neueste Wissen, sie war marktnah, aber auch ein einseitiges Werkzeug zur Durchsetzung der Unternehmensinteressen, verpflichtend in diesem Machtbereich.
Darüberhinaus hat sich in Deutschland über viele Jahrzehnte hinweg die überbetriebliche Normung im Deutschen Institut für Normung (DIN) bewährt: Auf freiwilliger Basis wird hier gearbeitet, unter Beteiligung von jedermann, dem Gemeinwohl, aber auch ebenso dem Eigennutz verpflichtet.
Diese Normung war konsensorientiert, eingebunden in europäische und internationale Verträge: DIN-Normen als anerkannte Regeln der Technik.

Doch diese beiden Möglichkeiten der Normung können so nicht bleiben, weder die gute alte Normung mit endlosen Ausschlussdiskussionen, noch die verwegene direkte Firmennormung, die Marktmacht hat oder vorwegnimmt" (H. REIHLEN, 1998) *).

4.3. FUNKTIONSNORM

Die Funktionsnormung in der Schweiz ist eine werkstoff-, hersteller- und produktunabhängige Normung, wie Darstellung 3 verdeutlicht. Während die Werkstoffnormen für einzelne Anwendungsbereiche (Dach- und Dichtungsbahnen / Dachbahnen / Dichtungsbahnen), Werkstoffe und Ausrüstung jeweils Einzelnormen vorsieht, gilt die SIA V 280 für **alle** Kunststoff- und Kautschukbahnen.

4.4. ANFORDERUNGSKATALOG

Ein "Anforderungskatalog" wäre eine logische Fortführung und Ergänzung dieser Aufzählung, denn:

es ist das Bauwerk und der Bauherr, die die Anforderungen an eine Abdichtung stellen

und hierbei ist es unerheblich, welche Norm-Kennwerte eine Abdichtung aufweist. Den Verbraucher interessiert primär die Funktionsdauer und hierzu möchte er konkrete Angaben als Entscheidungskriterium haben.

Um solche praxisbezogenen und verbraucherfreundlichen Anforderungen durchzusetzen, bedarf es jedoch überregionaler (europäischer) Interessensvereinigungen mit entsprechender Sachkompetenz, wie zum Beispiel der 1998 neu gegründeten Europäischen Vereinigung Dauerhaft Dichtes Dach - **ddD** e.V.

Werkstoff	Ausrüstung	Norm	Reißfestigkeit in MPa	Reißdehnung in %
Werkstoff- und Ausrüstungsunabhäng		SIA 280	-	> 200
PVC	-	DIN 16 730	> 15	> 200
PVC	E - GV	16 735	> 8	> 150
PIB	-	16 935	> 4,5	> 400
ECB	-	16 729	> 3	> 400
Elastomer Bahnen	-	7864	> 4	> 250

Darstellung 3:
Gegenüberstellung Reißfestigkeit und Reißdehnung in den einzelnen Werkstoffnormen.

*) H. Reihlen ist Direktor des Deutschen Instituts für Normung (DIN).

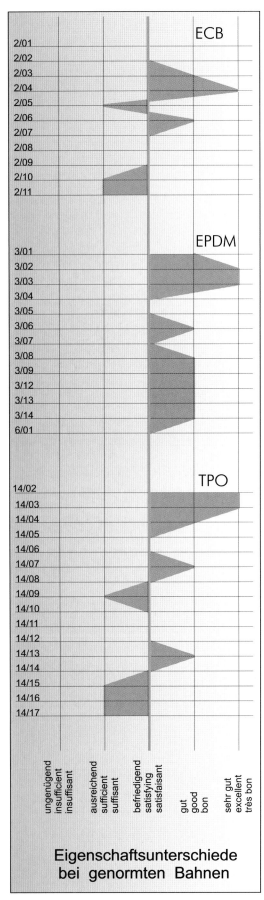

5. Eigenschaftsunterschiede bei genormten Bahnen

Innerhalb der in den Werkstoffnormen festgelegten Mindestanforderungen sind teilweise enorme Eigenschaftsunterschiede festzustellen, wie die nachfolgenden Ausführungen verdeutlichen. Im Vorgriff auf die Testergebnisse der einzelnen Bahnen - die im übrigen alle der Norm entsprechen - ist in Darstellung 4a und 4b verdeutlicht, welche Schwankungsbereiche möglich sind. Die Bewertungen reichen von sehr guten bis ungenügende Eigenschaften.

ERNST hat bereits 1992 nachgewiesen, dass es nicht nur innerhalb der einzelnen Werkstoffgruppen, sondern auch innerhalb der Produktpalette eines Herstellers in Abhängigkeit von der Bahnendicke Eigenschaftsunterschiede gibt. Dies wurde bei den nachfolgend beschriebenen Tests wiederholt festgestellt.

Dass sich zwei optisch vollkommen identische Bahnen mit mittiger Glasvlieseinlage, die außerdem die gleichen Werkstoffkenndaten aufweisen, nach Testbeanspruchung vollkommen unterschiedlich verhalten, zeigt Abbildung 6:

> Die konkave und konvexe Krümmung der Muster deuten auf einen Volumenverlust in der Ober- bzw. der Unterschicht hin, oder auf Unregelmässigkeiten bei der Herstellung.

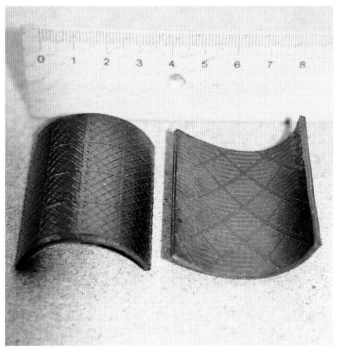

Abbildung 6:
Verschiedene Eigenschaften nach Testbeanspruchung

In der Realität können verschiedene Eigenschaftsunterschiede nicht festgestellt werden, da es keine direkt ver-
gleichbaren Objekte mit einer Vielzahl von verschiedenen
Bahnen gibt. Es ist also nur möglich mit einer Testbeanspruchung die Eigenschaften der einzelnen Bahnen zu
ermitteln.

**Hierzu ist anzumerken, dass schon allein aus der glei-
chen Testbeanspruchung von vielen verschiedenen
Bahnen ein Vergleich entsteht, der im Verhältnis zum
Mittelwert positiv oder negativ zu werten ist.**

Die Ergebnisse von solchen vergleichenden Tests können mit einfachen Mitteln dargestellt und bewertet werden, wie nachfolgende Ausführungen zeigen.

Solche vergleichenden Tests waren schon immer zuläs-
sig, wenn sie objektiv und neutral und von unabhängi-
gen Personen durchgeführt werden, die im Bestreben
von Richtigkeit und Sachlichkeit die Tests vollziehen.
Werden die Testergebnisse sachlich dargestellt und wird
eine unnötige Herabsetzung des schlechter bewerteten
Produktes vermieden, so sind solche vergleichenden
Warentests im Sinne einer öffentlichen Verbraucher-
information wettbewerbsrechtlich erwünscht.

Qualitative Unterschiede sind nicht nur nach Testbeanspruchung zu erkennen. Sie sind teilweise bereits beim
Neumaterial festzustellen. Bei entsprechender Vergrößerung des Bahnenquerschnitts können sie durchaus auch
optisch erkennbar werden. Dies sollen die nachfolgenden Makroaufnahmen von vier verschiedenen TPO-Bahnen, beispielhaft für alle Werkstoffgruppen, verdeutlichen.

Es steht dem Leser selbst frei zu beurteilen, welche Bahn
er nun anhand dieses einfachen optischen Vergleiches
auf seinem eigenen Dach verwenden würde.

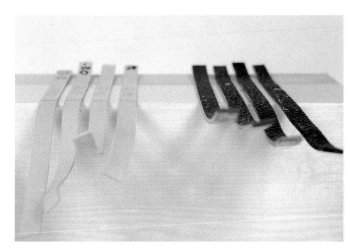

Abbildung 7:
Streifen aus Neumaterial und nach Testbeanspruchung.

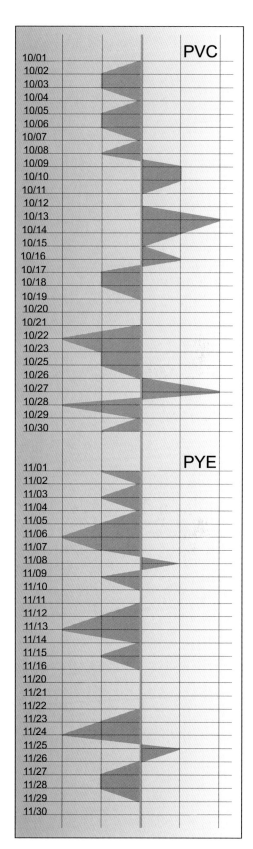

Darstellung 4b:
Eigenschaftsunterschiede bei genormten
Bahnen.
Difference in characteristics for standardi-
zed roofing sheets - from very good to
unsatisfactory.
Différences entre lés normés. Les notes
vont de "très bien" à "insuffisant".

Abbildung 8:
Makroaufnahme mit 22-facher Vergrößerung.
Querschnitt einer TPO-Bahn. Deutlich erkennbar ist die schwammartige Oberschicht (rot) und Unterschicht (schwarz). Der Hohlraum am Polyestergewebe
(hellbraun) deutet darauf hin, dass das Gewebe nicht vorbehandelt wurde.

The spongy top layer (red) and bottom layer (black) can be clearly seen.
Vue en coupe d'un lé TPO. On reconnaît sans peine la texture spongieuse de la
couche supérieure (rouge) et de la couche inférieure (noir)

Qualitative differences are not only
apparent after testing. They can also
be found, in some cases, in the new
materials, i.e. if the cross-section of
the roofing sheet is magnified suffi-
ciently. This is clear from the four
macro-photos, magnified 22 times,
of four TOP sheets.

Abbildung 9:
Makroaufnahme mit 22-facher Vergrößerung.
Querschnitt einer TPO-Bahn. Auch hier ist eine schwammartige Oberschicht
(grau) zu erkennen.

Spongy top layer once again.
Là aussi, couche supérieure spongieuse.

Abbildung 10:
Makroaufnahme mit 22-facher Vergrößerung.
Querschnitt einer hochwertigen TPO-Bahn mit Glasvlieseinlage. Im Gegensatz zu den nebenstehenden Abbildungen 8 und 9 ist hier eine sehr dichte Struktur der Ober- und Unterschicht zu erkennen.

Dense structure of the top and bottom layer of a high-quality TOP sheet with a glass fiber base.
Texture dense de la couche supérieure et de la couche inférieure d'un lé TPO de qualité supérieure, avec couche médiane de voile de verre.

Abbildung 11:
Makroaufnahme mitt 22-facher Vergrößerung.
Querschnitt einer TPO-Bahn mit Einlage aus Polyestergewebe. Der Längsschnitt durch die Faser zeigt eine (fast) hohlraumfreie Einbettung des vorbehandelten Polyestergewebes.
Dense structure once again. A lengthwise cut through the fibres shows that the pretreated textile is inserted without cavities.
Ici aussi, structure dense. La coupe longitudinale des fibres révèle une incorporation parfaite (absence quasi totale de bulles) du voile polyester prétraité.

Les différences de qualité ne se manifestent pas seulement au terme d'essais de sollicitation. Elles sont en partie reconnaissables sur le matériau neuf. C'est ce que révèlent par exemple les quatre clichés ci-contre de quatre lés TPO en coupe transversale, grossissement 22:1.

II. Praxisorientierte Tests

Getestet wurden insgesamt 114 verschiedene Proben. Bei sechs Proben mussten die Tests abgebrochen werden, drei Proben konnten nicht bewertet werden, so dass insgesamt **105 Proben** ausgewertet wurden. Die 105 ausgewerteten und in Tabelle 1a und 1b aufgeführten Proben stammen von **39 Herstellern aus 11 Ländern.** Alle Bahnen sind auf dem europäischen Markt vertreten, die Anzahl der Proben entspricht in etwa den Marktanteilen der einzelnen Werkstoffgruppen.

Besonders erwähnenswert ist, dass ein Hersteller drei seiner Proben wieder zurückgezogen hat. Mit der Begründung, dass diese Bahnen Ausschussware sind und beim Versand ein Fehler passiert wäre. Ein solches Schreiben weckt natürlich die Neugier, zumal gleich diskret auf die Rechtsabteilung des Firmenkonzerns verwiesen wurde. Deshalb wurden von einem Verarbeiter zwei der drei Bahnen aus der laufenden Produktion besorgt und in die Testreihe aufgenommen. Zum Vergleich wurde die sog. "**Ausschussware**" parallel getestet. Bei der Auswertung der Testergebnisse wurde dann festgestellt, dass zwischen den beiden auf dem freien Markt besorgten Bahnen und den zurückgezogenen Proben keinerlei Unterschied festzustellen war. Die Werte der beiden auf dem Markt bezogenen Proben sind in den 105 aufgeführten Testergebnissen enthalten.
Spontan kommt die Vermutung auf, ob möglicherweise vereinzelt Hersteller für Prüfungen und Tests spezielle Bahnen produzieren, die nicht der marktüblichen Qualität entsprechen?

Insgesamt gesehen war das Interesse der Hersteller, mit Produkten an den Tests teilzunehmen, positiv. Vor allem bei den aufgeschlossenen Herstellern, die sich von dem "Schablonendenken" befreit haben, dass ihre Produkte der Norm entsprechen und deshalb keine weiteren Tests und Prüfungen notwendig sind. Bei diesen Herstellern ist in erfreulichem Maße auch festzustellen, dass eine mögliche schlechtere Bewertung ein Ansporn für Verbesserungen ist. Es steht jedem frei, für die nächsten geplanten Tests entsprechend verbesserte Bahnen zur Verfügung zu stellen, sollte das jetzige Ergebnis nicht zufriedenstellend ausgefallen sein.

1998 im Test: 105 polymere Abdichtungen:

Werkstoffgruppe	Anzahl
- ECB	10 Proben
- EPDM/ IIR	13 Proben
- EVA	3 Proben
- Flüssigfolien	4 Proben
- TPO	16 Proben
- PVC	29 Proben
- PYE	27 Proben
- Sonstige	3 Proben

Abbildung 12:
Im Test: 74 Kunststoff- und Kautschukbahnen, 4 Flüssigfolien.

1. Testbeschreibung

Auszug aus Dachabdichtung Dachbegrünung Teil 1
(ERNST, 1992)

Grundgedanke war, mit einfachen Methoden die materi-
al- und produktspezifischen Eigenschaften Dachdichtungsbahnen darzustellen und zu verdeutlichen. Schwer-
punkt wurde auf die baustellenrelevante Beanspruchung bzw. Verarbeitung, wie auch auf das Verhalten
bei künstlicher Alterung und Beanspruchung gelegt.
Nachfolgend werden die einzelnen Test`s beschrieben.

TEST 1 - Kälteflexibilität

a) Anforderung:

Materialbezogener Einfluss auf die baustellenrelevante /
witterungsbedingte Verlegung im Herbst und Frühjahr.

b) Durchführung:

Bahnenstreifen mit einer Breite von 60 mm und einer
Länge von 1000 mm wurden aufgerollt, mit einem Gum-
miband fixiert und über Nacht unter einem Vordach gelagert. Am nächsten Tag wurden die Rollen auf einer 10
Grad geneigten Sperrholzplatte befestigt. Am 14.00 Uhr
wurden die Gummibandfixierungen entfernt. Die Länge
der aufgerollten Bahn wurde nach 30 Minuten gemessen
- siehe Abbildung 14.

Die Tiefsttemperatur in der Nacht betrug $+5^0$C. Die Ta-
gestemperatur beim Aufrollvorgang betrug $+18^0$C (auf
der Unterlage) bei sonnigem Oktoberwetter. Der Test
wurde im Dezember bei niedrigeren Temperaturen -
Nachttemperatur - 8^0C und $+5^0$C beim Abrollvorgang -
mit neuen Bahnenstreifen (Abmessungen wie oben) wiederholt.

TEST 2 - Perforationsfestigkeit

a) Anforderung:

Widerstandsfähigkeit gegen mechanische Beanspruchung während der Verlegung bis zum Aufbringen der
Schutzschichten.

b) Durchführung:

DIN A 4 - große Bahnenstücke wurden auf einer
Dämmplatte (Styrodur, Dicke 50 mm) ausgelegt. Auf
dem Bahnenstück wurden 3 handelsübliche Dachpap-
pennägel gelegt und mit einem Stück Tesafilm in Geh-
richtung fixiert. Oberflächentemperatur 20^0C. Drei Test-
wiederholungen.

Durch Auftreten - einfaches Übergehen ohne Zusatz-
belastung (72 kg Körpergewicht, glatte Ledersohle),
wurde der Dachpappennagel eingetreten - siehe Abbildung 15.

Die Auswertung erfolgte durch ein nachgebautes
Funkenmessgerät, das an die Autobatterie angeschlos-
sen wurde.

TEST 3 - Verhalten gegen Zigarettenglut

a) Anforderung:

Widerstandsfähigkeit gegen Zigarettenglut in Anlehnung
an DIN 51 961.

b) Durchführung:

DIN A 4 große - Bahnenstücke wurden auf einer
Dämmplatte (Styrodur, Dicke 50 mm) ausgelegt. Auf die,
bei $+20^0$C für 24 Std. lang gelagerten, Bahnenstücke
wurden glühende Zigarettenkippen gelegt.

Die handelsüblichen Zigaretten ohne Filter wurden 10
mm angeraucht und nach einem Fortschreiten des
Glimmens von 30 mm auf die Bahnenstücke gelegt -
Kippenlänge 30 mm.

Die Tests wurden an einem zugfreien Ort bei einer
Temperatur von $+20^0$C durchgeführt. Es wurde jeweils
dieselbe Zigarettenmarke verwendet. Drei Testwieder-
holungen. Siehe Abbildung 19.

TEST 4 - Widerstandsfähigkeit gegen
Hartlöt-Tropfen

a) Anforderung:

Widerstandsfähigkeit bei Schweiß- oder Hartlötarbeiten.

b) Durchführung:

DIN A 4 große - Bahnenstücke wurden 24 Stunden bei
$+20^0$C gelagert und dann auf einer Dämmplatte (Styrodur, Dicke 50 mm) ausgelegt. 300 mm über den Bah-
nenstücken wurde ein Messing-Hartlötstab (ohne Fluss-
und Schmelzmittel) mit einem Schmelzbereich zwischen
890^0 und 920^0C mit einem Hartlötgerät (Arbeitstempera-
tur bis 1.750^{0}C) solange erhitzt, bis sich ein Löttropfen
ablöste.

Messungen an erkalteten Löttropfen beim Vorversuch
ergaben nicht messbare Gewichtsunterschiede.

Die Tests wurden an einem zugfreien Ort bei einer Temperatur von $+20^0$C durchgeführt. Drei Testwiederholun-
gen. Siehe Abbildung 20.

TEST 5 - Einwirkung von Fett

Ausgangspunkt waren Materialveränderungen in der
Dachbahn im Bereich eines Dachentlüfters über einer
Kantine. Die polymere Dachbahn zeigte in diesem Bereich Spannungsrisse, die zu Feuchtigkeitschäden führ-
ten.

Behauptungen, dass Fette auf Dachflächen nicht vorkommen sind praxisfremd, denn Fette und Öle (niedermolekulare flüssige Fette) sind sehr wohl von relevanter Bedeutung:

- Fett und Öl fallen z.B. bei Wartungsarbeiten auf dem Dach (Lift, Ventilatoren, Klimaanlagen) an,

- Fett und Ölaerosole sind in erhöhten Konzentrationen in der Abluft von Industrieanlagen (z.B. Maschinenfabriken, Schokolade- und Milchverarbeitung) enthalten,

- Fett- und ölhaltige Abluft von Küchen aus Dachentlüftern sind sehr oft auf Flachdächern zu finden.

a) Anforderung:

Künstliche Herbeiführung der chemischen Eigenschaftsveränderung zur Feststellung der Qualität, Stabilität und Beständigkeit des Materials und Darstellung der Wechselwirkung im Bahnenaufbau.

b) Durchführung:

DIN A 4 große - Bahnenstücke wurden auf der Oberfläche mit je 30 gr. handelsüblichen Schmierfetts vollflächig und gleichmäßig bestrichen. Danach wurden die Bahnenstücke auf einem Garagendach 4 Monate (Anfang Juli bis Ende Oktober) der Witterung ausgesetzt - siehe Abbildung 21.

TEST 6 - Warmwasserlagerung und TEST 7 - Kältebruch

a) Anforderung:

Beschleunigte Herbeiführung der durch natürliche Alterung hervorgerufenen Materialeigenschaftsveränderungen.

b) Durchführung:

DIN A 4 große - Bahnenstücke wurden 30, 60 und 90 Tage in 60°C warmen Wasser gelagert. Bei Bahnen mit Einlage oder Verstärkung wurden die Schnittkanten vor der Einlagerung versiegelt. Verwendet wurde Wasser mit einem Härtegrad 8-12° d.

c) Testanordnung A:

Vor Einlagerung wurden von den Probestücken 10 mm breite und 250 mm lang Streifen herausgestanzt, nach 30, 60 und nach 90 Tagen wurde dies wiederholt. Die eingelagerten Streifen wurden nach der Entnahme im Backofen mit Umluft bei einer Temperatur + 60°C für 24 Std. getrocknet.

Die Streifen wurden jeweils bei 100 mm in der Länge markiert und mittels Teppichklebeband auf einer Brettkante fixiert. Verglichen wurde der Grad der Steifigkeit der 4 Streifen:

- Streifen a - Neumaterial
- Streifen b - nach 30 Tagen Warmwasserlagerung
- Streifen c - nach 60 Tagen Warmwasserlagerung
- Streifen d - nach 90 Tagen Warmwasserlagerung

d) Testanordnung B:

Desweiteren wurde von den Probestücken weitere Streifen (50 mm breit und 250 mm lang) entnommen und die, 90 Tage lang, warmwassergelagerten Streifen ebenfalls 24 Stunden lang bei +60°C getrocknet.

Dies Streifen wurden optisch beurteilt:

- farbliche Veränderung der Oberseite und Auskreidung
- Veränderung der Materialoberfläche unter der Lupe,

wiederum jeweils in Bezug zum Neumaterial.

e) Testanordnung C:

Nach der optischen Beurteilung wurden vom Neumaterial sowie von 30 und 60 Tagen in Wasser gelagerten Proben, jeweils Streifen von 20 x 200 mm herausgestanzt.

In Anlehnung an die DIN 53 361 bzw. SIA 280 - Faltbiegung in der Kälte - wurden die Proben in ein Prüfgerät nach SIA eingeschlauft und in diesem Zustand 5 Stunden in der Tiefkühltruhe bei -22°C, -25°C und - 28°C gelagert. Nach dieser Vorbereitung wurde die obere bewegliche Druckplatte ausgeklinkt und stoßartig auf die über der unteren Druckplatte befindlichen Distanzstücke gepresst ohne das Gerät aus der Tiefkühltruhe zu nehmen (siehe Beschreibung nach SIA 280). Nach dem Test wurden die Proben im Bereich der Zugzone mit einer sechsfach vergrössernden Lupe bezüglich Rissbildung beurteilt.

TEST 8 - Lagerung in Kalkmilch

Ausgangspunkt waren optisch sichtbare Versprödungserscheinungen einer bekiesten PVCweich Dachbahn. Auf der Dachbahn befand sich eine geschlossene Schicht aus Staub und Abrieb der Kiesel aus kalkhaltigem Gestein. Dasselbe Materialauf der daneben liegenden begrünten Dachfläche zeigte keine Versprödungserscheinungen.

a) Anforderung:

Beschleunigte Herbeiführung der durch natürliche Beanspruchung hervorgerufenen Materialeigenschaftsveränderungen

b) Durchführung:

DIN A 4 große - Bahnenstücke werden 90 Tage in Kalk-milch bei Raumtemperatur von 18 bis 20°C gelagert. Bei Bahnen mit Einlage oder Verstärkung wurden die Schnittkanten vor der Einlagerung versiegelt.

Verwendet wurde Wasser mit einem ph-Wert 12,4 (6%-ige Aufschwemmung mit gelöschtem Kalk).

c) Testanordnung

Vor Einlagerung wurden von den Probestücken 10 mm breite und 250 mm lang Streifen herausgestanzt. Da der Test für 90 Tage angesetzt wurde, und noch nicht abgeschlossen ist, wurden nach 30 Tagen weitere Probestücke herausgestanzt. Die eingelagerten Streifen wurden nach der Entnahme im Backofen mit Umluft für 24 Stunden bei + 60°C getrocknet.

Die Streifen wurden jeweils bei 100 mm in der Länge markiert und mittels Teppichklebeband auf einer Brettkante fixiert. Verglichen wurde der Grad der Steifigkeit der 4 Streifen:

- Streifen a - Neumaterial
- Streifen b - nach 120 Tagen Warmwasserlagerung

TEST 9 - Lagerung in Schwefelsäurelösung

Ausgangspunkt waren partielle Versprödungserscheinungen einer PVCw - Dachbahn, unter Einfluss von "Saurem Regen" in der Nähe eines Kamins.

a) Anforderung:

Künstliche Herbeiführung der chemischen Eigenschaftsveränderung zur Feststellung der Qualität, Stabilität und Beständigkeit des Materials und Darstellung der Wechselwirkung im Bahnenaufbau unter Einfluss von Säuren (z.B.: Ausscheidungen von abgestorbenen Wurzeln, Humussäure, Saurem Regen, Kaminabgasen von Heizölfeuerungsabgasen, etc.....).

b) Durchführung:

DIN A 4 große - Bahnenstücke wurden 120 Tage in Wasser mit 18 - 20°C gelagert. Verwendet wurde eine 5%ige Schwefelsäurelösung. In Anlehnung an SIA 280 und DIN 53 476 - Verhalten nach Lagerung in wässrigen Lösungen.

Bei Bahnen mit Einlage oder Verstärkung wurden die Schnittkanten vor der Einlagerung versiegelt. Vor Einlagerung wurden von den Probestücken 10 mm breite und 250 mm lang Streifen herausgestanzt, nach 120 Tagen ebenfalls. Die eingelagerten Streifen wurden nach der Entnahme im Backofen mit Umluft bei einer Temperatur von + 60°C während 24 Stunden bei getrocknet.

Die Streifen wurden jeweils bei 100 mm in der Länge markiert und mittels Teppichklebeband auf einer Brettkante fixiert. Verglichen wurde der Grad der Steifigkeit der Streifen:

- Streifen a - Neumaterial
- Streifen b - nach 120 Tagen Lagerung in wässriger Lösung

TEST 10 - Verhalten gegen Mikroorganismen

In den relevanten Fachregeln wird explizit darauf verwiesen, dass Ablagerungen Nährboden für Bakterien und Mikroben bilden können. Welche Auswirkungen eine solche Beanspruchung auf die Probestücke hat, wird in nachfolgendem Test dargestellt.

a) Anforderung:

Herbeiführung der durch natürliche Beanspruchung hervorgerufenen Materialeigenschaftsveränderungen.

b) Durchführung:

DIN A 4 große - Bahnenstücke wurden 6 Monate in einem Kompost eingegraben. Bei Bahnen mit Einlage oder Verstärkung wurden die Schnittkanten versiegelt. Vor Einlagerung wurden von den Probestücken 10 mm breite und 250 mm lang Streifen herausgestanzt, ebenfalls nach 6 Monaten. Die eingelagerten Streifen wurden nach der Entnahme unter fließendem Wasser abgewaschen und danach im Backofen mit Umluft bei einer Temperatur von + 60°C während 24 Std. getrocknet.

Die Streifen wurden jeweils bei 100 mm in der Länge markiert und mittels Teppichklebeband auf einer Brettkante fixiert. Verglichen wurde der Grad der Steifigkeit der Streifen:

- Streifen a - Neumaterial
- Streifen b - nach 6 Monaten Lagerung im Kompost

TEST 11 - Hydrolysebeständigkeit

Auf die Hydrolysebeständigkeit wird in den relevanten Fachregeln und in der Fachliteratur explizit hingewiesen. Eine Normprüfung ist bis heute noch nicht definiert.

Welche Einwirkungen dieser Wasserdampf auf die Dachbahn hat, soll nachfolgend dargestellt werden.

a) Anforderung:

Herbeiführung der durch natürliche Beanspruchung hervorgerufenen Materialeigenschaftsveränderungen bei Hydrolyse.

b) Durchführung:

Bahnenstücke mit den Abmessungen 50 x 50 mm wurden in einer teilweise mit Wasser gefüllten Friteuse, oberhalb des Wasserspiegels, im Wasserdampf aufgehängt. Die Versuche wurden bei ständig siedendem Wasser während 7 Tagen durchgeführt. Bei Bahnen mit Einlage oder Verstärkung wurden die Schnittkanten vor der Einlagerung versiegelt.

Die Proben wurden nach der Entnahme im Backofen mit Umluft bei einer Temperatur + 60°C während 24 Std. getrocknet und beurteilt.

Proben-nummer	Werk-stoff	Dicke gesamt	Einlage	Kaschierung Bestreuung	Massänd. in Wäme l. / q.
Werkstoffgruppe ECB (*) Tiefbau-/Deponiebahn					
A 2/01	ECB	2,0	GV	-	0,3
A 2/02	ECB	2,0 / 3,0	GV	PV	0,3
A 2/03	ECB	2,0	GV	-	0,2
A 2/04	ECB	2,0	GV	-	0,5
A 2/05	ECB	2,0	GV	-	< 1,0
A 2/06	ECB	2,5	GV	PV	< 0,3
A 2/07	ECB	2,0	GV	PV	-
A 2/08	ECB	2,0	GV	-	-
A 2/09	ECB	2,0	GV	-	-
A 2/10	ECB *	2,6			
Werkstoffgruppe EPDM / IIR (*) Thermoplastisches Elastomer					
B 3/01	EPDM*	1,2 / 2,2	-	PV	0,4 / 0,1
B 3/02	EPDM*	1,5 / 2,5	-	PV	0,4 / 0,1
B 3/03	EPDM	1,5	-	-	0,3
B 3/04	EPDM	1,5 / 2,5	-	PV	-
B 3/05	EPDM	1,5 / 2,5	-	PV	1,0 / 0,6
B 3/06	EPDM	1,2	-	-	-
B 3/07	EPDM	1,3 / 1,5	-	GV	0,35
B 3/08	EPDM	1,3	-	-	0,35
B 3/09	EPDM	1,3 / 2,3	-	PV	-
B 3/12	EPDM	1,0	-	-	-
B 3/13	EPDM	1,2	-	-	-
B 3/14	EPDM	1,5	-	-	-
B 6/01	IIR	1,5	-	-	0,05
Werkstoffgruppe EVA					
C 4/01	EVA	1,2 / 2,2	-	PV	0,4 / <0
C 4/02	EVA	1,5 / 2,5	-	PV	0,4 / <0
C 4/03	EVA	1,2 / 2,2	-	PV	< 0,5
Sonstige;: PEC, PIB, LLD-PE					
D 7/01	PEC	1,5	PW	-	< 0,2
D 9/01	PIB	1,5 / 2,5	-	PV	< 0,5
D 2/11	LLD-PE	2,0	-	-	-
Flüssigkunststoffe					
E 8/01	UP	~2,5	PV	-	< 0,1
E 8/02	UP	~2,5	PV	-	< 0,1
E 8/03	PUR	~2,0	PV	-	-
E 8/04	EA	~1,2	PV	-	-
Werkstoffgruppe TPO					
F 14/02	TPO	1,8	PW	-	<0,35
F 14/03	TPO	1,6	GV	-	<0,35
F 14/04	TPO	2,0	GV	-	0,1
F 14/05	TPO	2,0	GV	-	<0,1
F 14/06	TPO	2,0	GV	-	<0,1
F 14/07	TPO	2,0	GV	-	0,2
F 14/08	TPO	1,5	PW	-	<0,2
F 14/09	TPO	1,5	PW	-	0
F 14/10	TPO	1,8	PW	-	0
F 14/11	TPO	1,5	PW	-	-
F 14/12	TPO	1,2	-	-	-
F 14/13	TPO	2,5	GV	-	<0,1
F 14/14	TPO	2,0	GV	-	<1,0
F 14/15	TPO	1,5	PW	-	-
F 14/16	TPO	1,5	PW	-	-
F 14/17	TPO	1,2	PW	-	<0,5

Tabelle 1: Probenübersicht mit Angaben zur Dicke / Ausrüstung / Kaschierung / Bestreuung

2. Testdurchführung 1998

Getestet wurde nach den von ERNST (1992) beschriebenen Methoden. Die Tests 02, 03 und 04 wurden leicht modifiziert:

> bei unterseitig nicht kaschierten Bahnen wurde zwischen Probe und Wärmedämmung ein Polyestervlies mit 250 g / m² angeordnet.

Ergänzend hinzugekommen sind zwei neue Tests, die nachfolgend detailliert beschrieben sind.

Die einzelnen Ergebnisse sind pro Test in Tabellen aufgeführt. In einer nachfolgenden Gesamtübersicht sind alle Testergebnisse zusammengefasst - siehe Seite 94-97.

2.1. ÜBERSICHT DER GETESTETEN BAHNEN

Bei den einzelnen Auswertungen ist jeweils Bezug auf den Mittelwert der einzelnen Werkstoffgruppen genommen. Nachdem viele Aussagen dickenabhängig sind, werden ergänzend zu den nebenstehenden Einzelangaben die mittleren Dicken der Proben (ohne Vlieskaschierung) vorangestellt:

- ECB   mittlere Dicke: 2,2 mm
- EPDM   mittlere Dicke: 1,3 mm
- EVA   mittlere Dicke: 1,3 mm
- Flüssigfolien   mittlere Dicke: 2,1 mm
- TPO   mittlere Dicke: 1,7 mm
- PVC   mittlere Dicke: 1,7 mm
- PYE   mittlere Dicke: 4,8 mm

Für die Bahnenausrüstung wurden folgende Abkürzungen verwendet:

GV -   Glasvlies
PV -   Polyestervlies
PW -   Polyestergewebe
GG -   Glasgittergelege
GGVV -   Glasgittergewebe
SPG -   Polyster-Glas-Kombinationsträger
CU -   Kupferbandeinlage

Zur Information ist in Tabelle 1 bei bei den Kunststoff- und Kautschukbahnen die Maßänderung nach Wärmelagerung in Längs- / Querrichtung gemäß DIN 16 726 / Prüfung 5.13.1 ergänzend dargestellt; bei den Bitumenbahnen die Wärmestandsfestigkeit und das Kaltbiegeverhalten gemäß DIN 52 123. Alle Angaben wurden den Datenblättern der Bahnen entnommen.

Die Proben sind anonym bezeichnet, jedoch haben die Hersteller, die dem Verfasser auf Anfrage Proben zur Verfügung gestellt haben, " **ihre Probenummer (n)** " mitgeteilt bekommen.

Proben-nummer	Werk-stoff	Dicke gesamt	Einlage	Kaschierung Bestreuung	Massänd. in Wäme l. / q.
Werkstoffgruppe PVC					
G 10/01	PVC	1,2	GV	-	0
G 10/02	PVC	1,5	PW	-	<0,15
G 10/03	PVC	1,5	GV	-	0
G 10/04	PVC	1,5	PV	-	<0,2
G 10/05	PVC	1,2	PV	-	0,61 / 0,28
G 10/06	PVC	1,5	PV	-	0,61 / 0,28
G 10/07	PVC	1,2	PV	-	-
G 10/08	PVC	1,5	GV	-	<0,05
G 10/09	PVC	2,0	GV	-	<0,05
G 10/10	PVC	1,8	PW	-	<0,05
G 10/11	PVC	1,5	PW	-	-
G 10/12	PVC	1,5	GV	-	-
G 10/13	PVC	2,4	GV	-	0
G 10/14	PVC	2,4	GV	-	0,1
G 10/15	PVC	1,5	-	-	1,5
G 10/16	PVC	2,0	GV	-	0
G 10/17	PVC	1,5	PW	-	-
G 10/18	PVC	1,5	PW	-	<0,3
G 10/19	PVC	1,2	PW	-	0,5 / 0,2
G 10/20	PVC	2,4 / 3,4	-	PV	0,41 / 0,29
G 10/21	PVC	1,8 / 2,8	-	PV	0,13 / 0,34
G 10/22	PVC	2,0	-	GG	<0,15
G 10/23	PVC	2,0	-	-	<0,5
G 10/25	PVC	1,5	PW	-	0,5 / 0,2
G 10/26	PVC	1,8	PW	-	0,5 / 0,2
G 10/27	PVC	2,4	GV	-	<0,5
G 10/28	PVC	1,5	PW	-	0,4 / 0,1
G 10/29	PVC	1,5	PW	-	0,4 / 0,1
G 10/30	PVC	1,2	PW	-	~0,5
Werkstoffgruppe PYE					
H 11/01	PYE-DIN	~5,0	PV	Schiefer	+100° / -25°
H 11/02	PYE-WS	~5,0	PV	Schiefer	+120° / -36°
H 11/03	PYE-Top	~4,0	GG	Schiefer	+100° / -30°
H 11/04	PYE-DIN	~5,0	PV	Schiefer	+120° / -36°
H 11/05	PYE-Top	~4,0	GGVV	Talkum	+90° / -15°
H 11/06	PYE-WS	~4,5	GGVV	Schiefer	+90° / -15°
H 11/07	PYE-DIN	~5,2	PV	Schiefer	+110° / -15°
H 11/08	PYE-DIN	~5,0	PV	Schiefer	+100° / -25°
H 11/09	PYE-DIN	~4,0	GW	Talkum	+100° / -15°
H 11/10	PYE-Top	~5,0	PW/GW	Schiefer	+115° / -30°
H 11/11	PYE-DIN	~5,0	PV	Schiefer	+100° / -15°
H 11/12	PYE-WS	~5,0	CU	Talkum	+80° / -10°
H 11/13	PYE-WS	~5,0	CU	Sand	+100° / -25°
H 11/14	PYE-WS	~5,0	PV	Sand	+100° / -25°
H 11/15	PYE-DIN	~5,0	PV	Sand	+100° / -25°
H 11/16	PYE-Top	~5,0	PV	Schiefer	+115° / -40°
H 11/20	PYE-Top	~4,0	PW	Schiefer	+105° / -30°
H 11/21	PYE-Top	~5,2	PV	Schiefer	+110° / -35°
H 11/22	PYE-Top	~5,4	PV	Schiefer	+100° / -25°
H 11/23	PYE-WS	~5,0	CU	Sand	+100° / -20°
H 11/24	PYE-DIN	~5,0	PV	Talkum	+100° / -25°
H 11/25	PYE-Top	~5,0	SPG	Schiefer	+110° / -30°
H 11/26	PYE-DIN	~5,0	PV	Schiefer	+115° / -35°
H 11/27	PYE-Top	~4,2	PV	Schiefer	+100° / -20°
H 11/28	PYE-Top	~5,2	PV	Schiefer	+115° / -35°
H 11/29	PYE-WS	~5,0	CU	Sand	+80° / -5°
H 11/30	PYE-Top	~4,7	PV	Sand	+120° / -35°

Jeder Interessierte kann sich somit bei diesen Herstellern nach der Probennummer erkundigen und gegebenenfalls über die der Probenummer zugeordnete Bahn die Testergebnisse und Bewertungen individuell interpretieren bzw. erläutern lassen.

Von der Mitteilung der Probennummern an die Hersteller, die keine Proben zur Verfügung gestellt bzw. zurückgezogen haben und deren Produkte vom Verfasser deshalb auf dem freien Markt bezogen wurden, wurde abgesehen.

Eine Auflistung der Hersteller/Anbieter, die mit ihren Produkten am Test teilgenommen haben, wurde in Dachabdichtung Dachbegrünung Teil III veröffentlicht.

Die Liste findet man auch im Internet auf den Seiten der Europäischen Vereinigung dauerhaft dichtes Dach - ddD e.V. unter: http://www.ddDach.org/.

Abbildung 13:
Im Test: 27 Polymerbitumenbahnen.

Fortsetzung Tabelle 1 (links).

Proben-nummer	Werk-stoff	Dicke gesamt	Abroll-Länge
Werkstoffgruppe ECB			
A 2/01	ECB	2,0	<5 / < 5
A 2/02	ECB	2,0 / 3,0	<5 / <5
A 2/03	ECB	2,0	48 / 11
A 2/04	ECB	2,0	<5 / <5
A 2/05	ECB	2,0	27 / 6
A 2/06	ECB	2,5	23 / <5
A 2/07	ECB	2,0	13 / 6
A 2/08	ECB	2,0	24 / 10
A 2/09	ECB	2,0	13 / <5
A 2/10	ECB *	2,6	<5 / <5
Werkstoffgruppe EPDM / IIR			
B 3/01	EPDM*	1,2 / 2,2	<5 /<5
B 3/02	EPDM*	1,5 / 2,5	<5 /<5
B 3/03	EPDM	1,5	79 / 52
B 3/04	EPDM	1,5 / 2,5	71 / 42
B 3/05	EPDM	1,5 / 2,5	45 / <5
B 3/06	EPDM	1,2	99 / 82
B 3/07	EPDM	1,3 / 1,5	30 / <5
B 3/08	EPDM	1,3	81 / 80
B 3/09	EPDM	1,3 / 2,3	31 / <5
B 3/12	EPDM	1,0	92 / 79
B 3/13	EPDM	1,2	99 / 82
B 3/14	EPDM	1,5	99 / 77
B 6/01	IIR	1,5	41 / 8
Werkstoffgruppe EVA			
C 4/01	EVA	1,2 / 2,2	<5 /<5
C 4/02	EVA	1,5 / 2,5	<5 /<5
C 4/03	EVA	1,2 / 2,2	42 /<5
Sonstige;: PEC, PIB, LLD-PE			
D 7/01	PEC	1,5	<5 /<5
D 9/01	PIB	1,5 / 2,5	<5 /<5
D 2/11	LLD-PE	2,0	<5 /<5
Flüssigkunststoffe			
E 8/01	UP	~2,5	58 / 6
E 8/02	UP	~2,5	48 / 6
E 8/03	PUR	~2,0	99 / 89
E 8/04	EA	~1,2	63 / 13
Werkstoffgruppe TPO			
F 14/02	TPO	1,8	33 / <5
F 14/03	TPO	1,6	31 / <5
F 14/04	TPO	2,0	47 / 24
F 14/05	TPO	2,0	8 / <5
F 14/06	TPO	2,0	7 / <5
F 14/07	TPO	2,0	25 / 11
F 14/08	TPO	1,5	<5 /<5
F 14/09	TPO	1,5	<5 /<5
F 14/10	TPO	1,8	<5 /<5
F 14/11	TPO	1,5	<5 /<5
F 14/12	TPO	1,2	<5 /<5
F 14/13	TPO	2,5	49 / 24
F 14/14	TPO	2,0	33 / 11
F 14/15	TPO	1,5	<5 /<5
F 14/16	TPO	1,5	<5 /<5
F 14/17	TPO	1,2	35 / 13

Tabelle 2:
Kälteflexibilität Abroll-Längen Okt. / Dez. in cm

2.2. AUSFÜHRUNGSRELEVANTE DATEN

2.2.1. Test 01 - ABROLLLÄNGE

a) Anforderung

Materialbedingter Einfluss auf die baustellenrelevante / witterungsbedingte Verlegung im Frühjahr und Herbst.

Gemessen wurden die Abrolllängen im Oktober und Dezember.

b) Anmerkungen und Auswertung:

Aus Tabelle 2 ist ersichtlich, dass die Kälteflexibilität nicht, wie vielfach behauptet wird, dickenabhängig ist. Gleiche Materialdicken bei verschiedenen Produkten zeigen, dass der herstellerspezifische Aufbau und Ausstattung die Kälteflexibilität sehr stark beeinflussen.

Bei Bahnen, die bauseits thermisch verschweißt werden, lassen die verschiedenen Abrolllängen Hinweise auf das „Baustellenhandling" und die „Schweißfreudigkeit" zu (siehe hierzu auch Kapitel V - Baustellengerechte Verarbeitung).

Werkstoffgruppe ECB
Im Mittel geringe Kälteflexibilität. Ausnahme Probe 2/03.

Werkstoffgruppe EPDM
Insgesamt sehr gute Kälteflexibilität bei den Elastomeren, jedoch sehr gering bei den thermoplastischen Elastomeren (EPDM*).

Werkstoff EVA
Mit Ausnahme der Probe 4/03 insgesamt gering.

Flüssigbeschichtungen
Mittlere bis sehr gute Kälteflexibilität.

Werkstoffgruppe TPO
Im Mittel geringe Kälteflexibilität, jedoch mit herstellerbedingten Ausnahmen, z.B. Probe 14 / 04, 14 / 13.

Werkstoffgruppe PVC
Insgesamt gute Kälteflexibilität, Ausnahmen sind die Proben 10/20, 10/21und 10/29

Werkstoffgruppe PYE
Insgesamt im mittleren Bereich, von niedrig (Probe 11/07) bis sehr gut (Probe 11/22)

Proben-nummer	Werk-stoff	Dicke gesamt	Abroll-Länge
Werkstoffgruppe PVC			
G 10/01	PVC	1,2	75 / 55
G 10/02	PVC	1,5	65 / 31
G 10/03	PVC	1,5	73 / 19
G 10/04	PVC	1,5	50 / <5
G 10/05	PVC	1,2	73 / 63
G 10/06	PVC	1,5	98 / 64
G 10/07	PVC	1,2	64 / 25
G 10/08	PVC	1,5	73 / 36
G 10/09	PVC	2,0	67 / 27
G 10/10	PVC	1,8	61 / 25
G 10/11	PVC	1,5	64 / 38
G 10/12	PVC	1,5	77 / 59
G 10/13	PVC	2,4	68 / 31
G 10/14	PVC	2,4	60 / 35
G 10/15	PVC	1,5	68 / 25
G 10/16	PVC	2,0	61 / 40
G 10/17	PVC	1,5	98 / 70
G 10/18	PVC	1,5	65 / 35
G 10/19	PVC	1,2	65 / 19
G 10/20	PVC	2,4 / 3,4	<5 / <5
G 10/21	PVC	1,8 / 2,8	<5 / <5
G 10/22	PVC	2,0	52 / 12
G 10/23	PVC	2,0	67 / 46
G 10/25	PVC	1,5	63 / 19
G 10/26	PVC	1,8	61 / 26
G 10/27	PVC	2,4	33 / 20
G 10/28	PVC	1,5	38 / 18
G 10/29	PVC	1,5	13 / <5
G 10/30	PVC	1,2	48 / 32
Werkstoffgruppe PYE			
H 11/01	PYE-DIN	~5,0	17 / <5
H 11/02	PYE-WS	~5,0	57 / 19
H 11/03	PYE-Top	~4,0	37 / 13
H 11/04	PYE-DIN	~5,0	37 / <5
H 11/05	PYE-Top	~4,0	6 / 6
H 11/06	PYE-WS	~4,5	30 / 9
H 11/07	PYE-DIN	~5,2	<5 / <5
H 11/08	PYE-DIN	~5,0	81 / 56
H 11/09	PYE-DIN	~4,0	63 / <5
H 11/10	PYE-Top	~5,0	66 / 27
H 11/11	PYE-DIN	~5,0	12 / 11
H 11/12	PYE-WS	~5,0	40 / 21
H 11/13	PYE-WS	~5,0	59 / 45
H 11/14	PYE-WS	~5,0	10 / 7
H 11/15	PYE-DIN	~5,0	11 / 8
H 11/16	PYE-Top	~5,0	65 / 9
H 11/20	PYE-Top	~4,0	19 / 18
H 11/21	PYE-Top	~5,2	47 / 6
H 11/22	PYE-Top	~5,4	77 / 37
H 11/23	PYE-WS	~5,0	63 / 18
H 11/24	PYE-DIN	~5,0	6 / 6
H 11/25	PYE-Top	~5,0	62 / 40
H 11/26	PYE-DIN	~5,0	11 / 8
H 11/27	PYE-Top	~4,2	<5 / <5
H 11/28	PYE-Top	~5,2	12 / <5
H 11/29	PYE-WS	~5,0	13 / <5
H 11/30	PYE-Top	~4,7	31 / 6

Fortsetzung
Tabelle 2 (links).

c) Ergebnis

Aus diesem Test lässt sich das baustellenrelevante Handling der verschiedenen Bahnen ableiten, insbesondere bei nicht immer optimalen Verhältnissen auf der Baustelle. Die Praxis bestätigt dies, wie nachfolgendes Beispiel verdeutlicht.

Ein Verleger hatte im Spätherbst 1998 zwei Projekte zu bearbeiten. Beim Projekt A kam die TPO-Bahn (Probe Nr. 14/10) zum Einsatz, beim Projekt B die TPO-Bahn (Probe Nr. 14/02). Bei der Nachkalkulation stellte er fest, dass beim Projekt A die Verarbeitung erheblich länger dauerte, als beim Projekt B. Solche Erfahrungen decken sich mit den Testergebnissen:

> Probe 14/02 ist mit einer im Oktober ermittelten Abrolllänge von 33 cm wesentlich flexibler als die Probe 14/10 mit dem Wert von < 5 cm.

Das Beispiel zeigt den direkten Zusammenhang der Testergebnisse zur nicht immer optimalen "Baustellenrealität". Die bei den Tests ermittelten Ergebnisse sind vom Verarbeiter entsprechend zu interpretieren.

Weiterführende Anmerkungen zur baustellengerechten Verarbeitbarkeit und Nahtschweißung sind in Kapitel V aufgeführt.

Abbildung 14:
Abrollung von Bahnenstreifen auf leicht geneigter Fläche
Unrolling of strips of roofing sheet on a slightly sloping surface.
Déroulement des échantillons sur une surface de faible inclinaison.

Proben-nummer	Werk-stoff	Dicke gesamt	Nagel	Zigarette	Hartlöt-tropfen
Werkstoffgruppe ECB (*) Tiefbau- / Deponiebahn					
A 2/01	ECB	2,0	dicht	dicht	dicht
A 2/02	ECB	2,0 / 3,0	dicht	dicht	dicht
A 2/03	ECB	2,0	dicht	dicht	durch
A 2/04	ECB	2,0	dicht	dicht	durch
A 2/05	ECB	2,0	dicht	dicht	durch
A 2/06	ECB	2,5	dicht	dicht	dicht
A 2/07	ECB	2,0	dicht	dicht	durch
A 2/08	ECB	2,0	dicht	dicht	durch
A 2/09	ECB	2,0	dicht	dicht	durch
A 2/10	ECB *	2,6	dicht	dicht	dicht
Werkstoffgruppe EPDM / IIR (*)Thermoplastisches EPDM					
B 3/01	EPDM*	1,2 / 2,2	dicht	dicht	dicht
B 3/02	EPDM*	1,5 / 2,5	dicht	dicht	dicht
B 3/03	EPDM	1,5	dicht	dicht	dicht
B 3/04	EPDM	1,5 / 2,5	dicht	dicht	dicht
B 3/05	EPDM	1,5 / 2,5	dicht	dicht	dicht
B 3/06	EPDM	1,2	durch	dicht	dicht
B 3/07	EPDM	1,3 / 1,5	dicht	dicht	dicht
B 3/08	EPDM	1,3	dicht	dicht	dicht
B 3/09	EPDM	1,3 / 2,3	dicht	dicht	dicht
B 3/12	EPDM	1,0	durch	dicht	dicht
B 3/13	EPDM	1,2	durch	dicht	dicht
B 3/14	EPDM	1,5	dicht	dicht	dicht
B 6/01	IIR	1,5	dicht	dicht	dicht
Werkstoffgruppe EVA					
C 4/01	EVA	1,2 / 2,2	dicht	dicht	dicht
C 4/02	EVA	1,5 / 2,5	dicht	dicht	dicht
C 4/03	EVA	1,2 / 2,2	durch	Brandloch	dicht
Sonstige;: PEC, PIB, LLD-PE					
D 7/01	PEC	1,5	dicht	Brandloch	dicht
D 9/01	PIB	1,5 / 2,5	dicht	dicht	dicht
D 2/11	LLD-PE	2,0	dicht	dicht	durch
Flüssigkunststoffe					
E 8/01	UP	~2,5	dicht	dicht	dicht
E 8/02	UP	~2,5	dicht	dicht	dicht
E 8/03	PUR	~2,0	dicht	dicht	durch
E 8/04	EA	~1,2	durch	dicht	dicht
Werkstoffgruppe TPO					
F 14/02	TPO	1,8	dicht	dicht	dicht
F 14/03	TPO	1,6	dicht	dicht	dicht
F 14/04	TPO	2,0	dicht	dicht	dicht
F 14/05	TPO	2,0	dicht	dicht	dicht
F 14/06	TPO	2,0	dicht	dicht	dicht
F 14/07	TPO	2,0	dicht	dicht	dicht
F 14/08	TPO	1,5	dicht	Brandloch	dicht
F 14/09	TPO	1,5	dicht	Brandloch	dicht
F 14/10	TPO	1,8	dicht	dicht	dicht
F 14/11	TPO	1,5	dicht	dicht	dicht
F 14/12	TPO	1,2	durch	Brandloch	durch
F 14/13	TPO	2,5	dicht	dicht	dicht
F 14/14	TPO	2,0	dicht	Brandloch	durch
F 14/15	TPO	1,5	dicht	Brandloch	durch
F 14/16	TPO	1,5	dicht	Brandloch	durch
F 14/17	TPO	1,2	durch	Brandloch	durch

Tabelle 3:
Perforationsfestigkeit, Zigarettenglut, Hartlöttropfen

2.2.2. Test 02 - PERFORATIONSFESTIGKEIT

a) Anforderung

Widerstandsfähigkeit gegen mechanische Beanspruchung während der Verlegung bis zum Aufbringen der Schutzschichten bzw. Abnahme.

b) Anmerkungen und Auswertung

Um gleiche Bedingungen herzustellen, wurde bei unterseitig nicht kaschierten Bahnen zwischen Dämmstoff und Probe ein Vlies mit 250 g / m² eingelegt. Dies sorgte insgesamt für ein günstigeres Ergebnis gegenüber den Tests im Jahr 1991.

Alle Werkstoffgruppen

Perforiert wurden bei diesem Test nur die dünneren Bahnen mit 1,0 bis 1,2 mm, unabhängig von den Werkstoffgruppen.

2.2.3. Test 03 - ZIGARETTENGLUT

a) Anforderung

Widerstandsfähigkeit gegen Zigarettenglut in Anlehnung an DIN 51 961während der Verlegung bis zum Aufbringen der Schutzschichten bzw. bei frei bewitterter Ausführung vor aufgehenden Bauteilen.

b) Anmerkungen und Auswertung

Alle Werkstoffgruppen

Besonders anfällig gegenüber Zigarettenglut sind die PVC-Bahnen und einige TOP-Bahnen.

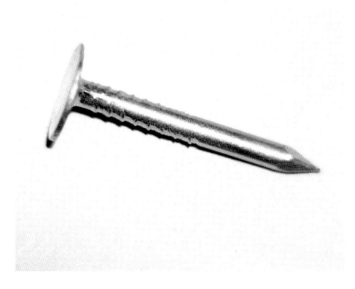

Proben-nummer	Werk-stoff	Dicke gesamt	Nagel	Zigarette	Hartlöt-tropfen
Werkstoffgruppe PVC					
G 10/01	PVC	1,2	durch	Brandloch	dicht
G 10/02	PVC	1,5	dicht	Brandloch	dicht
G 10/03	PVC	1,5	dicht	Brandloch	dicht
G 10/04	PVC	1,5	dicht	Brandloch	dicht
G 10/05	PVC	1,2	durch	Brandloch	durch
G 10/06	PVC	1,5	dicht	Brandloch	dicht
G 10/07	PVC	1,2	durch	Brandloch	dicht
G 10/08	PVC	1,5	dicht	Brandloch	durch
G 10/09	PVC	2,0	dicht	dicht	dicht
G 10/10	PVC	1,8	dicht	Brandloch	dicht
G 10/11	PVC	1,5	dicht	Brandloch	dicht
G 10/12	PVC	1,5	dicht	Brandloch	dicht
G 10/13	PVC	2,4	dicht	dicht	dicht
G 10/14	PVC	2,4	dicht	dicht	dicht
G 10/15	PVC	1,5	dicht	Brandloch	dicht
G 10/16	PVC	2,0	dicht	Brandloch	dicht
G 10/17	PVC	1,5	dicht	Brandloch	dicht
G 10/18	PVC	1,5	dicht	Brandloch	dicht
G 10/19	PVC	1,2	durch	Brandloch	dicht
G 10/20	PVC	2,4 / 3,4	dicht	dicht	dicht
G 10/21	PVC	1,8 / 2,8	dicht	dicht	dicht
G 10/22	PVC	2,0	dicht	dicht	dicht
G 10/23	PVC	2,0	dicht	Brandloch	dicht
G 10/25	PVC	1,5	dicht	Brandloch	durch
G 10/26	PVC	1,8	dicht	Brandloch	dicht
G 10/27	PVC	2,4	dicht	dicht	dicht
G 10/28	PVC	1,5	dicht	Brandloch	dicht
G 10/29	PVC	1,5	dicht	dicht	durch
G 10/30	PVC	1,2	dicht	Brandloch	durch
Werkstoffgruppe PYE					
H 11/01	PYE-DIN	~5,0	dicht	dicht	dicht
H 11/02	PYE-WS	~5,0	dicht	dicht	dicht
H 11/03	PYE-Top	~4,0	dicht	dicht	dicht
H 11/04	PYE-DIN	~5,0	dicht	dicht	dicht
H 11/05	PYE-Top	~4,0	dicht	dicht	dicht
H 11/06	PYE-WS	~4,5	dicht	dicht	dicht
H 11/07	PYE-DIN	~5,2	dicht	dicht	dicht
H 11/08	PYE-DIN	~5,0	dicht	dicht	dicht
H 11/09	PYE-DIN	~4,0	dicht	dicht	dicht
H 11/10	PYE-Top	~5,0	dicht	dicht	dicht
H 11/11	PYE-DIN	~5,0	dicht	dicht	dicht
H 11/12	PYE-WS	~5,0	dicht	dicht	dicht
H 11/13	PYE-WS	~5,0	dicht	dicht	dicht
H 11/14	PYE-WS	~5,0	dicht	dicht	dicht
H 11/15	PYE-DIN	~5,0	dicht	dicht	dicht
H 11/16	PYE-Top	~5,0	dicht	dicht	dicht
H 11/20	PYE-Top	~4,0	dicht	dicht	dicht
H 11/21	PYE-Top	~5,2	dicht	dicht	dicht
H 11/22	PYE-Top	~5,4	dicht	dicht	dicht
H 11/23	PYE-WS	~5,0	dicht	dicht	dicht
H 11/24	PYE-DIN	~5,0	dicht	dicht	dicht
H 11/25	PYE-Top	~5,0	dicht	dicht	dicht
H 11/26	PYE-DIN	~5,0	dicht	dicht	dicht
H 11/27	PYE-Top	~4,2	dicht	dicht	dicht
H 11/28	PYE-Top	~5,2	dicht	dicht	dicht
H 11/29	PYE-WS	~5,0	dicht	dicht	dicht
H 11/30	PYE-Top	~4,7	dicht	dicht	dicht

Fortsetzung Tabelle 3 (links).

2.2.4. Test 04 - HARTLÖTTROPFEN

a) Anforderung:

Widerstandsfähigkeit gegen thermische Beanspruchung bei Schweiß- und Hartlötarbeiten auf ungeschützter Dachbahn.

b) Anmerkungen und Auswertung:

Alle Werkstoffgruppen

Eine geringe Standfestigkeit gegen Hartlöttropfen ist bei der Werkstoffgruppe ECB festzustellen.

Bei der Werkstoffgruppe TPO ist die Widerstandsfähigkeit sehr stark abhängig von Material und Art der Einlage. Dies trifft auch bei der Werkstoffgruppe PVC zu.

Aufgrund der Materialdicke haben alle Bahnen der Werkstoffgruppe PYE positive Ergebnisse.

Abbildung 15 (links):
Testmedium Dachpappennagel.
Testing using a roofing felt nail.
Vecteur de l'essai: pointe à carton bitumé.

Abbildung 16 (unten):
Baustellenrealität: Flachdach als Lagerplatz während der Bauzeit.
Reality on site: the flat roof as a storage area during building work.
Réalité du chantier: le toit plat sert d'entrepôt pendant la durée des travaux.

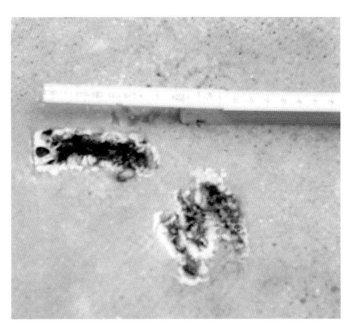

Abbildung 17:
Zigaretten-Brandlöcher vor einer Fensterfassade .....
Cigarette burn holes in front of a window facade ......
Trous causés par la braise de cigarette devant une façade
avec fenêtres.

Abbildung 18:
und Brandlöcher eines Feuerwerkskörpers (PVC Bahn 1,2 mm).
and fire damage from a firework rocket.
Dégâts occasionnés par une fusée de feu d'artifice.

Abbildung 19:
Testmedium Zigarettenkippe.
Testing using a cigarette end.
Vecteur de l'essai: mégot de
cigarette.

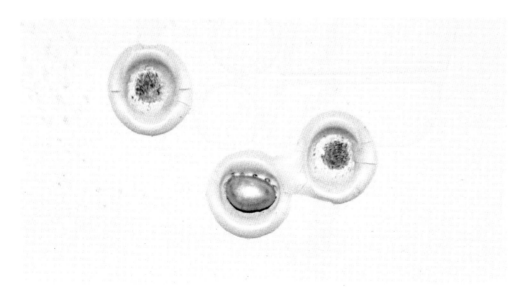

Abbildung 20:
Testmedium Hartlöttropfen.
Testing using brazing beads.
Vecteur de l'essai: gouttes de
soudure forte.

Summary - Tests 01 - 04

Test 01 - low temperature folding - shows the behaviour of the sheets when laid in bad weather . There are differences in behaviour determined by the material and product.

Test 02 - puncture resistance, test 03 - cigarette members and - test 04 - brazing beads simulate the mechanical loading of the roofing sheets on site until the protective sealing has been applied.

The results show the problems of puncture resistance with thinner sheets and the differences in behaviour under thermal loading.

Rating: not penetrated, fire hole, penetrate.

Résumé - Essais 01 - 04

L'essai 01 - élasticité à basse température - montre le comportement des lés posés dans des conditions météorologiques défavorables. On constate ici des différences de comportement dues tant au matériau qu'au produit lui-même.

Les essais 02 (résistance à la perforation), 03 (braise de cigarette) et 04 (gouttes de soudure forte) simulent les contraintes mécaniques auxquelles peut-être confronté le lé sur le chantier avant d'être doté des couches de protection. Les résultats reflètent le problème de la résistance à la perforation des lés minces et les différences de comportement à la forte chaleur.

Résultats: pas de perforation, trou, perforation.

Darstellung 6:
Zusammenfassung der Tests 01 bis 04, Summary tests 01 - 04, Résumé essais 01 - 04.

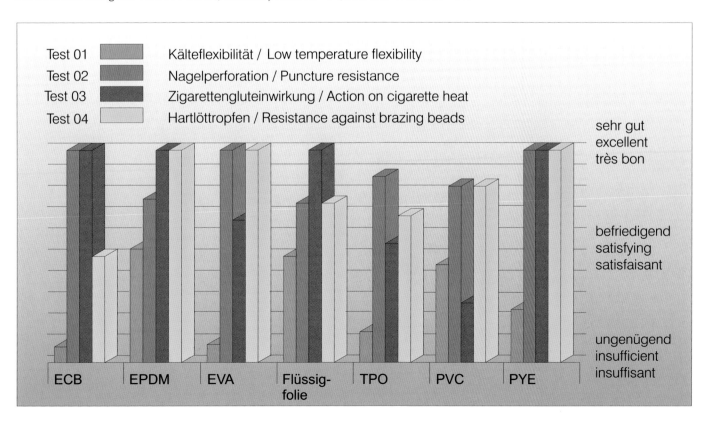

Proben-nummer	Werk-stoff	Dicke gesamt	Fetteinwirkung
Werkstoffgruppe ECB (*) Deponiebahn			
A 2/01	ECB	2,0	plan
A 2/02	ECB	2,0 / 3,0	plan
A 2/03	ECB	2,0	leicht gerollt
A 2/04	ECB	2,0	plan
A 2/05	ECB	2,0	leicht gerollt
A 2/06	ECB	2,5	plan
A 2/07	ECB	2,0	plan
A 2/08	ECB	2,0	plan
A 2/09	ECB	2,0	stark gerollt
A 2/10	ECB *	2,6	leicht gerollt
Werkstoffgruppe EPDM / IIR			
B 3/01	EPDM*	1,2 / 2,2	stark gerollt
B 3/02	EPDM*	1,5 / 2,5	leicht gerollt
B 3/03	EPDM	1,5	gerollt / Blasen
B 3/04	EPDM	1,5 / 2,5	gerollt / Blasen
B 3/05	EPDM	1,5 / 2,5	leicht gerollt
B 3/06	EPDM	1,2	gerollt / Blasen
B 3/07	EPDM	1,3 / 1,5	ganz eingerollt
B 3/08	EPDM	1,3	gerollt / Blasen
B 3/09	EPDM	1,3 / 2,3	ganz eingerollt
B 3/12	EPDM	1,0	gerollt / Blasen
B 3/13	EPDM	1,2	gerollt / Blasen
B 3/14	EPDM	1,5	gerollt / Blasen
B 6/01	IIR	1,5	gerollt / Blasen
Werkstoffgruppe EVA			
C 4/01	EVA	1,2 / 2,2	plan
C 4/02	EVA	1,5 / 2,5	plan
C 4/03	EVA	1,2 / 2,2	plan
Sonstige;: PEC, PIB, LLD-PE			
D 7/01	PEC	1,5	plan
D 9/01	PIB	1,5 / 2,5	plan
D 2/11	LLD-PE	2,0	stark gerollt
Flüssigkunststoffe			
E 8/01	UP	~2,5	plan
E 8/02	UP	~2,5	plan
E 8/03	PUR	~2,0	plan
E 8/04	EA	~1,2	plan
Werkstoffgruppe TPO			
F 14/02	TPO	1,8	eingerollt
F 14/03	TPO	1,6	leicht gerollt
F 14/04	TPO	2,0	plan
F 14/05	TPO	2,0	stark gerollt
F 14/06	TPO	2,0	stark gerollt
F 14/07	TPO	2,0	stark gerollt
F 14/08	TPO	1,5	ganz eingerollt
F 14/09	TPO	1,5	leicht gerollt
F 14/10	TPO	1,8	leicht gerollt
F 14/11	TPO	1,5	stark gerollt
F 14/12	TPO	1,2	ganz eingerollt
F 14/13	TPO	2,5	stark gerollt
F 14/14	TPO	2,0	stark gerollt
F 14/15	TPO	1,5	ganz eingerollt
F 14/16	TPO	1,5	ganz eingerollt
F 14/17	TPO	1,2	ganz eingerollt

Tabelle 4:
Fetteinwirkung.

2.3. KÜNSTLICHES ALTERUNGSVERHALTEN

2.3.1. Test 05 - FETTEINWIRKUNG

Fette und Öle (niedermolekulare flüssige Fette) sind von praxisbezogener Bedeutung, denn

- Fett und Öl fallen z.B. bei Wartungsarbeiten auf dem Dach (Lift, Ventilatoren, Klimaanlagen) an,

- Fett und Ölaerosole sind in erhöhten Konzentrationen in der Abluft von Industrieanlagen (z.B. Maschinenfabriken, Schokolade- und Milchverarbeitung) enthalten,

- Fett- und ölhaltige Abluft von Küchen aus Dachentlüftern sind sehr oft auf Flachdächern zu finden.

Nicht zu vergessen ist der Baustellenbetrieb, der Verkehr und die Gartenarbeit (z.B. unvollständig verbrannte Abgase von 2-Takt Motoren).

a) Anforderung

Künstliche Herbeiführung der chemischen Eigenschaftsveränderung zur Feststellung der Qualität, Stabilität und Beständigkeit des Materials und Darstellung der Wechselwirkung im Bahnenaufbau.

b) Anmerkungen und Auswertung

Werkstoffgruppe ECB
herstellerspezifische Unterschiede: planeben bis stark gerollt.

Werkstoffgruppe EPDM
Sowohl die thermoplastischen Elastomere (*), wie auch die Kautschukbahnen zeigen eine leichte bis starke Veränderung bis hin zur Blasenbildung.

Werkstoffgruppen EVA, Sonstige, Flüssigbeschichtung
Keine Veränderungen, alle Proben: planeben

Werkstoffgruppe TPO und PVC
Die herstellerspezifische Rezeptur ist bei diesen Werkstoffen von bedeutendem Einfluss, dies zeigt die Vielfältigkeit der Einflüsse: von planeben bis ganz eingerollt.

Werkstoffgruppen PYE
Keine Veränderungen, alle Proben: planeben

Proben-nummer	Werk-stoff	Dicke gesamt	Fetteinwirkung
Werkstoffgruppe PVC			
G 10/01	PVC	1,2	leicht gerollt
G 10/02	PVC	1,5	stark gerollt
G 10/03	PVC	1,5	leicht gerollt
G 10/04	PVC	1,5	leicht gerollt
G 10/05	PVC	1,2	ganz eingerollt
G 10/06	PVC	1,5	plan
G 10/07	PVC	1,2	stark gerollt
G 10/08	PVC	1,5	eingerollt
G 10/09	PVC	2,0	leicht gerollt
G 10/10	PVC	1,8	leicht gerollt
G 10/11	PVC	1,5	eingerollt
G 10/12	PVC	1,5	leicht gerollt
G 10/13	PVC	2,4	eingerollt
G 10/14	PVC	2,4	eingerollt
G 10/15	PVC	1,5	stark gerollt
G 10/16	PVC	2,0	leicht gerollt
G 10/17	PVC	1,5	plan
G 10/18	PVC	1,5	ganz eingerollt
G 10/19	PVC	1,2	eingerollt
G 10/20	PVC	2,4 / 3,4	eingerollt
G 10/21	PVC	1,8 / 2,8	eingerollt
G 10/22	PVC	2,0	leicht gerollt
G 10/23	PVC	2,0	plan
G 10/25	PVC	1,5	leicht gerollt
G 10/26	PVC	1,8	plan
G 10/27	PVC	2,4	plan
G 10/28	PVC	1,5	plan
G 10/29	PVC	1,5	stark gerollt
G 10/30	PVC	1,2	ganz eingerollt
Werkstoffgruppe PYE			
H 11/01	PYE-DIN	~5,0	plan
H 11/02	PYE-WS	~5,0	plan
H 11/03	PYE-Top	~4,0	plan
H 11/04	PYE-DIN	~5,0	plan
H 11/05	PYE-Top	~4,0	plan
H 11/06	PYE-WS	~4,5	plan
H 11/07	PYE-DIN	~5,2	plan
H 11/08	PYE-DIN	~5,0	plan
H 11/09	PYE-DIN	~4,0	plan
H 11/10	PYE-Top	~5,0	plan
H 11/11	PYE-DIN	~5,0	plan
H 11/12	PYE-WS	~5,0	plan
H 11/13	PYE-WS	~5,0	plan
H 11/14	PYE-WS	~5,0	plan
H 11/15	PYE-DIN	~5,0	plan
H 11/16	PYE-Top	~5,0	plan
H 11/20	PYE-Top	~4,0	plan
H 11/21	PYE-Top	~5,2	plan
H 11/22	PYE-Top	~5,4	plan
H 11/23	PYE-WS	~5,0	plan
H 11/24	PYE-DIN	~5,0	plan
H 11/25	PYE-Top	~5,0	plan
H 11/26	PYE-DIN	~5,0	plan
H 11/27	PYE-Top	~4,2	plan
H 11/28	PYE-Top	~5,2	plan
H 11/29	PYE-WS	~5,0	plan
H 11/30	PYE-Top	~4,7	plan

Fortsetzung
Tabelle 4 (links).

Mit Ausnahme der Werkstoffgruppe PYE lässt sich aus diesem Test die Folgerung ableiten:

- **je planebener eine Probe den Test überstanden hat, desto höher ist die Produktqualität und somit die Langzeitfunktionstüchtigkeit - und umgekehrt.**

c) Ergebnis

Die besten Ergebnisse sind bei den Werkstoffgruppen PYE, ECB, EVA und den Flüssigkunststoffen festzustellen. Es wird deutlich, dass bei frei bewitterten Dachflächen, die von den eingangs beschriebenen Anforderungen in besonderem Maße beansprucht werden, nicht alle Produkte als tauglich anzusehen sind.

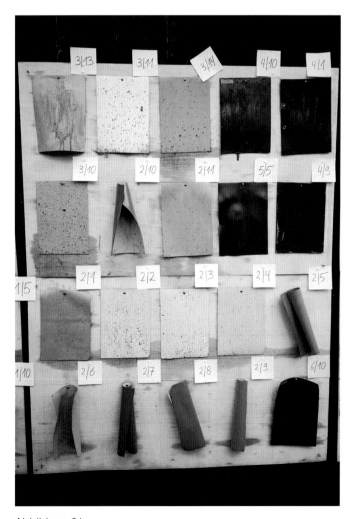

Abbildung 21:
Fetteinwirkung: von planeben bis eingerollt.
Effects of grease - test rating from flat to completely rolled up.
Résistance aux graisses - Résultats d'essai: entre planéité parfaite et enroulement total.

Proben-nummer	Werk-stoff	Dicke gesamt	Neu-material	30 Tage Warmw.	60 Tage Warmw.	Zu- / Abnahme Flexibilität
Werkstoffgruppe ECB (*) Tiefbau- / Deponiebahn						
A 2/01	ECB	2,0	-20°	-15°	-15°	deutlich
A 2/02	ECB	2,0 / 3,0	-15°	-5°	-5°	deutlich
A 2/03	ECB	2,0	-30°	-15°	-15°	gering
A 2/04	ECB	2,0	-30°	-30°	-30°	gering
A 2/05	ECB	2,0	-15°	-15°	-5°	+ / -
A 2/06	ECB	2,5	-20°	-15°	-15°	deutlich
A 2/07	ECB	2,0	-20°	-15°	-15°	+ / -
A 2/08	ECB	2,0	-20°	-15°	-15°	gering
A 2/09	ECB	2,0	-20°	-15°	-15°	gering
A 2/10	ECB *	2,6	-15°	-15°	-15°	stark
Werkstoffgruppe EPDM / IIR (*) Thermoplastisches Elastomer						
B 3/01	EPDM*	1,2 / 2,2	-30°	-30°	-30°	gering
B 3/02	EPDM*	1,5 / 2,5	-30°	-30°	-30°	deutlich
B 3/03	EPDM	1,5	-30°	-30°	-30°	+ / -
B 3/04	EPDM	1,5 / 2,5	-30°	-30°	-25°	stark
B 3/05	EPDM	1,5 / 2,5	-30°	-30°	-30°	stark
B 3/06	EPDM	1,2	-30°	-30°	-30°	+ / -
B 3/07	EPDM	1,3 / 1,5	-30°	-30°	-30°	deutlich
B 3/08	EPDM	1,3	-30°	-30°	-30°	deutlich
B 3/09	EPDM	1,3 / 2,3	-30°	-30°	-30°	gering
B 3/12	EPDM	1,0	-30°	-30°	-30°	gering
B 3/13	EPDM	1,2	-30°	-30°	-30°	deutlich
B 3/14	EPDM	1,5	-30°	-30°	-30°	gering
B 6/01	IIR	1,5	-30°	-30°	-30°	sehr stark
Werkstoffgruppe EVA						
C 4/01	EVA	1,2 / 2,2	-30°	-30°	-25°	sehr stark
C 4/02	EVA	1,5 / 2,5	-30°	-30°	-20°	sehr stark
C 4/03	EVA	1,2 / 2,2	-30°	-30°	-25°	sehr stark
Sonstige;: PEC, PIB, LLD-PE						
D 7/01	PEC	1,5	-30°	-30°	-25°	deutlich
D 9/01	PIB	1,5 / 2,5	-30°	-30°	-25°	deutlich
D 2/11	LLD-PE	2,0	-30°	-30°	-30°	deutlich
Flüssigkunststoffe						
E 8/01	UP	~2,5	0°	n.mb.	n.mb.	stark
E 8/02	UP	~2,5	0°	n.mb.	n.mb.	stark
E 8/03	PUR	~2,0	-30°	-15°	-15°	gering
E 8/04	EA	~1,2	-20°	-15°	-15°	deutlich
Werkstoffgruppe TPO						
F 14/02	TPO	1,8	-30°	-30°	-30°	deutlich
F 14/03	TPO	1,6	-30°	-30°	-30°	gering
F 14/04	TPO	2,0	-30°	-30°	-30°	deutlich
F 14/05	TPO	2,0	-30°	-30°	-30°	deutlich
F 14/06	TPO	2,0	-30°	-30°	-30°	stark
F 14/07	TPO	2,0	-30°	-25°	-25°	gering
F 14/08	TPO	1,5	-30°	-30°	-30°	gering
F 14/09	TPO	1,5	-30°	-30°	-30°	deutlich
F 14/10	TPO	1,8	-30°	-30°	-30°	stark
F 14/11	TPO	1,5	-30°	-30°	-30°	stark
F 14/12	TPO	1,2	-30°	-30°	-30°	gering
F 14/13	TPO	2,5	-30°	-30°	-30°	deutlich
F 14/14	TPO	2,0	-30°	-30°	-30°	stark
F 14/15	TPO	1,5	-30°	-30°	-30°	sehr stark
F 14/16	TPO	1,5	-30°	-30°	-30°	deutlich
F 14/17	TPO	1,2	-30°	-30°	-30°	gering
n.mb. = nicht messbar		(...) Risse bei				

Tabelle 5: Kältebruch Neumaterial
und nach 30 / 60 Tagen Warmwasserlagerung.

2.3.2. Test 06 - KÄLTEBRUCH

a) Anforderung

Künstliche Herbeiführung der alterungsrelevanten Eigenschaftsveränderung zur Feststellung der Qualität, Stabilität und Beständigkeit des Materials.

b) Anmerkungen und Auswertung

Bewertet wurden die Kältebruchtemperatur von Neumaterial bis -30°C, nach 30 Tagen und nach 60 Tagen Warmwasserlagerung, sowie die Zu-/Abnahme der Flexibilität nach 60 Tagen Warmwasserlagerung.

Werkstoffgruppe ECB
Kältebruchtemperatur beim Neumaterial von - 15°C bis - 30°C . Zunahme der Temperatur bei 2 Proben bis -5° C. Die Probe A 2/04 zeigt bei gleichbleibender Temperatur von - 30° C die machbaren Möglichkeiten.

Werkstoffgruppe EPDM / IIR
Bei allen Proben keine Veränderung der Kältebruchtemperatur von - 30°C.

Werkstoffgruppe Sonstige
Geringe Zunahme der Kältebruchtemperatur von - 30°C bis - 25°C.

Abbildung 22:
Versprödung der Probe 8/01 nach 60 Tagen Warmwasserlagerung.
Embrittlement of test piece 8/01 after storage in hot water for 60 days.
L'échantillon 8/01 devient fragile et cassant après un séjour de 60 jours dans l'eau chaude.

Proben-nummer	Werk-stoff	Dicke gesamt	Neu-material	30 Tage Warmw.	60 Tage Warmw.	Zu- / Abnahme Flexibilität
Werkstoffgruppe PVC						
G 10/01	PVC	1,2	-30°	-30°	-30°	stark
G 10/02	PVC	1,5	-25°	-25°	-25°	deutlich
G 10/03	PVC	1,5	-25°	-15°	-15°	gering
G 10/04	PVC	1,5	-25°	-20°	-20°	gering
G 10/05	PVC	1,2	-30°	-30°	-25°	deutlich
G 10/06	PVC	1,5	-15°	-15°	-15°	stark
G 10/07	PVC	1,2	-30°	-30°	-25°	deutlich
G 10/08	PVC	1,5	-25°	-25°	-25°	gering
G 10/09	PVC	2,0	-30°	-30°	-30°	deutlich
G 10/10	PVC	1,8	-30°	-30°	-30°	deutlich
G 10/11	PVC	1,5	-30°	-30°	-25°	gering
G 10/12	PVC	1,5	-30°	-30°	-30°	deutlich
G 10/13	PVC	2,4	-30°	-30°	-30°	gering
G 10/14	PVC	2,4	-30°	-30°	-30°	deutlich
G 10/15	PVC	1,5	-30°	-30°	-30°	deutlich
G 10/16	PVC	2,0	-30°	-30°	-25°	+ / -
G 10/17	PVC	1,5	-25°	-15°	-15°	deutlich
G 10/18	PVC	1,5	-30°	-30°	-25°	gering
G 10/19	PVC	1,2	-30°	-30°	-25°	gering
G 10/20	PVC	2,4 / 3,4	-30°	-30°	-25°	deutlich
G 10/21	PVC	1,8 / 2,8	-30°	-30°	-20°	stark
G 10/22	PVC	2,0	(+10°)	+15°	+15°	deutlich
G 10/23	PVC	2,0	-25°	-15°	-15°	deutlich
G 10/25	PVC	1,5	-25°	-30°	-30°	gering
G 10/26	PVC	1,8	-30°	-30°	-25°	stark
G 10/27	PVC	2,4	-30°	-30°	-30°	stark
G 10/28	PVC	1,5	-20°	-15°	-10°	stark
G 10/29	PVC	1,5	-30°	-30°	-30°	gering
G 10/30	PVC	1,2	-30°	-30°	-30°	deutlich
Werkstoffgruppe PYE						
H 11/01	PYE-DIN	~5,0	0°	-10°	+5°	deutlich
H 11/02	PYE-WS	~5,0	(-20°)	-5°	-5°	gering
H 11/03	PYE-Top	~4,0	-20°	-5°	-5°	gering
H 11/04	PYE-DIN	~5,0	(-20°)	-5°	-5°	gering
H 11/05	PYE-Top	~4,0	+15°	+15°	+15°	deutlich
H 11/06	PYE-WS	~4,5	+10°	+15°	+15°	+ / -
H 11/07	PYE-DIN	~5,2	-20°	-15°	-15°	gering
H 11/08	PYE-DIN	~5,0	(-20°)	-15°	-10°	gering
H 11/09	PYE-DIN	~4,0	0°	+10°	+15°	deutlich
H 11/10	PYE-Top	~5,0	-5°	0°	+5°	+ / -
H 11/11	PYE-DIN	~5,0	-5°	-5°	-5°	+ / -
H 11/12	PYE-WS	~5,0	+5°	+25°	+25°	gering
H 11/13	PYE-WS	~5,0	-10°	0°	0°	sehr stark
H 11/14	PYE-WS	~5,0	(-10°)	0°	0°	gering
H 11/15	PYE-DIN	~5,0	-5°	0°	0°	gering
H 11/16	PYE-Top	~5,0	(-10°)	0°	+5°	+ / -
H 11/20	PYE-Top	~4,0	(-10°)	0°	0°	deutlich
H 11/21	PYE-Top	~5,2	(-10°)	+15°	+15°	deutlich
H 11/22	PYE-Top	~5,4	0°	+5°	+5°	sehr stark
H 11/23	PYE-WS	~5,0	-10°	n.mb.	n.mb.	sehr stark
H 11/24	PYE-DIN	~5,0	-5°	0°	0°	stark
H 11/25	PYE-Top	~5,0	(-10°)	+10°	+5°	+ / -
H 11/26	PYE-DIN	~5,0	(-10°)	+5°	+5°	gering
H 11/27	PYE-Top	~4,2	-5°	+5°	+5°	deutlich
H 11/28	PYE-Top	~5,2	-20°	-15°	-15°	deutlich
H 11/29	PYE-WS	~5,0	-20°	n.mb.	n.mb.	stark
H 11/30	PYE-Top	~4,7	+15°	+25°	+25°	gering

Flüssigbeschichtungen

Kältebruchtemperatur von -30° bis 0°. Die Proben 8/01 und 8/02 sind bei der Warmwasserlagerung versprödet (Abbildung 22).

Werkstoffgruppe TPO

Kältebruchtemperatur von -30° bei allen Proben mit Ausnahme von Probe 14/07.

Werkstoffgruppe PVC

Kältebruchtemperatur von -30° bis Rissbildung bei +15°. Mit Abstand die schlechtesten Werte erreichte die Probe 10/22.

Werkstoffgruppe PYE

Unterschiedliche Kältebruchtemperatur von -20°C bis +15°C. Nach Warmwasserlagerung Abnahme bis zu +25°C bei einigen Proben.

Die nachfolgende Kurzübersicht verdeutlicht anhand der Von-Bis-Temperaturen und Mittelwerte das werkstofftypische Verhalten.

Abbildung 23:
Kältebruchtemperatur bei Probe 4/02 nach 60 Tage / - 20° C.
Low-temperature folding in test piece 4/02.
Formation de fissures à basse température sur l'échantillon 4/02.

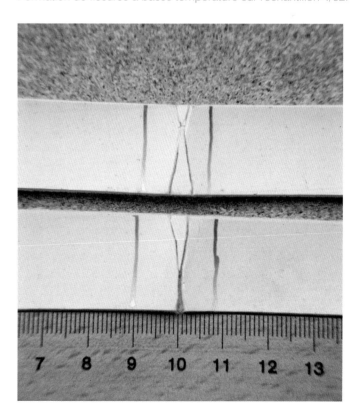

Fortsetzung Tabelle 5 (links).

Veränderung der Kältebruchtemperatur / Werkstoffgruppe			
Werkstoff-	Warmwasserlagerung		
gruppe	Neu	30 d	60 d	Differenz
ECB	-20,5°	-15,5°	-14,5°	6°
EPDM	-30°	-30°	-29,6°	0,4°
EVA	-30°	-30°	-23,3°	6,7°
Flüssigfolien	-12,5°	-7,5°	-7,5°	5°
TPO	-30°	-30°	-29,7°	0,3°
PVC	-26,6°	-25,2°	-23,3°	3,3°
PYE	-8°	-1,1°	±0°	8°

c) Ergebnis

Die mittlere Kältebruchtemperatur liegt bei den Werkstoffgruppen EPDM und TPO am günstigsten. Sie verändert sich nach Beanspruchung nur geringfügig. Die Werkstoffgruppe EVA unterliegt einer relativ großen Veränderung nach 60 Tagen Warmwasserlagerung.

Die Werkstoffgruppen PVC und ECB liegen mit geringeren Mitteltemperaturen darunter, gefolgt von den Flüssigbeschichtungen.

Den ungünstigsten Wert mit der größten Temperaturdifferenz zeigt die Werkstoffgruppe PYE. Die Werte sind jedoch reine Vergleichswerte unter den gleichen Bedingungen aller Bahnen. Sie sind werkstoffgerecht und dickenbezogen zu interpretieren.

Summary - Tests 05 - 07

The mean low-temperature folding temperature is best for the material groups EPDM and TOP, which only change slightly under loading.

With EVA, there is a relatively marked temperature increase after loading. PVC and ECB come below this, with lower mean temperatures, followed by liquid coatings.

The values for PYE should be interpreted appropriately for the material.

Résumé - Essais 05 - 07

Les catégories de matériaux EPDM et TPO enregistrent les meilleurs résultats pour ce qui est de la température moyenne occasionnant des fissures au froid. Ces résultats ne se modifient que de façon minime après un séjour dans l'eau chaude. La catégorie EVA révèle des modifications relativement importantes après 60 jours dans l'eau chaude.

Avec des températures moyennes moins accusées suivent les catégories PVC et ECB, puis la catégorie couvertures liquides. Les résultats de la catégorie PYE sont des valeurs moyennes, qui doivent être interprétées en fonction du matériau.

Darstellung 7:
Zusammenfassung Tests 05 bis 07. Summary tests 05 - 07, Résumé essais 05 - 07

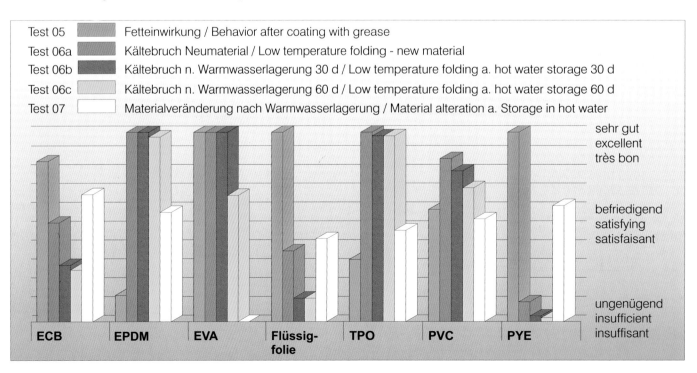

Test 05		Fetteinwirkung / Behavior after coating with grease
Test 06a		Kältebruch Neumaterial / Low temperature folding - new material
Test 06b		Kältebruch n. Warmwasserlagerung 30 d / Low temperature folding a. hot water storage 30 d
Test 06c		Kältebruch n. Warmwasserlagerung 60 d / Low temperature folding a. hot water storage 60 d
Test 07		Materialveränderung nach Warmwasserlagerung / Material alteration a. Storage in hot water

sehr gut
excellent
très bon

befriedigend
satisfying
satisfaisant

ungenügend
insufficient
insuffisant

ECB   EPDM   EVA   Flüssig-folie   TPO   PVC   PYE

2.4. BIOLOGISCHE UND CHEMISCHE EINWIRKUNGEN

2.4.1. EINLEITUNG

Bei älteren Kiesdächern mit Spontanvegetation und bei Dachbegrünungen ergeben sich direkte biologisch-chemische Einwirkungen auf die Abdichtung infolge der Wurzelbildung und aus dem Abbau organischer Substanz. Als indirekte biologische Einwirkung sind einige chemische Eigenschaften von Vegetationssubstraten und Dränschicht-Schüttstoffen anzusehen, die aber bei Dachbegrünungen durch vorgegebene Anforderungen weitgehend begrenzt, abgepuffert und in ihrer Wirkung unerheblich sind.
Dementsprechend ist die Vorgabe von Anforderungen, Prüfungen und Nachweisen

- zur Beständigkeit gegen Säuren und
- zur Beständigkeit gegen Mikroorganismen

unabdingbar.

Weniger aus biologischer Sicht als vielmehr aus bau- und ausführungstechnischen Gründen ist auch

- die Beständigkeit gegen stark alkalische pH-Werte

als unverzichtbares Beurteilungskriterium anzusehen.

Ebenso bedeutsam für Dachbegrünungen, für bekieste und frei bewitterte Dächer ist im Hinblick auf das notwendige Vorhandensein von pflanzenverfügbarem Wasser für die Vegetation im Aufbau einer Dachbegrünung mit ständigem Wechsel zwischen Wasserüberschuss und Wasserdampf, zwischen maximaler Wasserkapazität nach Niederschlägen und Restfeuchte bei Trockenperioden

- die Hydrolysebeständigkeit.

Bei den entsprechenden Anforderungen und den Vorgaben zur methodischen Durchführung der Untersuchung muss berücksichtigt werden, dass es sich bei Dachbegrünungen und niemals gewarteten Kiesdächern mit Spontanbegrünung um Dauerkulturen handelt, die Anwendungsbezogenheit Vorrang haben muss und Langzeitbeanspruchungen zu simulieren sind.

Die von ERNST durchgeführten Untersuchungen geben dafür Anhaltspunkte, wie in den dargestellten Testergebnissen aufgezeigt wird.

Abbildung 24 (oben):
Wasseranstau und Spontanbegrünung auf einem nicht gewarteten Kiesdach.
Water blockage and spontaneous growth on an unmaintained gravel roof.
Rétention d'eau et apparition spontanée de végétation sur un toit couvert de gravier et non entretenu.

Abbildung 25 (rechts):
Durch Nutzungsänderung des Gebäudes vergessene Dachbegrünung.
Roof planting that has been forgotten because of a change of use of the building.
Le bâtiment a été affecté à un autre usage, la végétalisation du toit a été oubliée et livrée à elle-même.

Proben-nummer	Werk-stoff	Kalk-milch	Säure-lösung	Kompost lagerung	Hydrolyse
Werkstoffgruppe ECB (*) Tiefbau- / Deponiebahn					
A 2/01	ECB	deutlich	+ / -	deutlich	~8,17 %
A 2/02	ECB	+ / -	+ / -	gering	+ / -
A 2/03	ECB	gering	+ / -	gering	+ / -
A 2/04	ECB	gering	+ / -	+ / -	+ / -
A 2/05	ECB	deutlich	stark	stark	+ / -
A 2/06	ECB	gering	gering	+ / -	+ / -
A 2/07	ECB	deutlich	deutlich	deutlich	+ / -
A 2/08	ECB	gering	+ / -	gering	+ / -
A 2/09	ECB	gering	gering	gering	+ / -
A 2/10	ECB *	deutlich	deutlich	deutlich	+ / -
Werkstoffgruppe EPDM / IIR (*) thermopl. Elastomer					
B 3/01	EPDM*	gering	deutlich	deutlich	+ / -
B 3/02	EPDM*	gering	gering	gering	+ / -
B 3/03	EPDM	gering	gering	gering	+ / -
B 3/04	EPDM	deutlich	deutlich	deutlich	+ / -
B 3/05	EPDM	deutlich	deutlich	deutlich	+ / -
B 3/06	EPDM	gering	+ / -	gering	+ / -
B 3/07	EPDM	deutlich	stark	deutlich	+ / -
B 3/08	EPDM	deutlich	gering	deutlich	+ / -
B 3/09	EPDM	gering	deutlich	deutlich	+ / -
B 3/12	EPDM	deutlich	gering	gering	+ / -
B 3/13	EPDM	deutlich	gering	deutlich	+ / -
B 3/14	EPDM	deutlich	gering	gering	+ / -
B 6/01	IIR	deutlich	stark	deutlich	+ / -
Werkstoffgruppe EVA					
C 4/01	EVA	gering	deutlich	gering	+ / -
C 4/02	EVA	gering	deutlich	gering	+ / -
C 4/03	EVA	deutlich	deutlich	deutlich	+ / -
Sonstige;: PEC, PIB, LLD-PE					
D 7/01	PEC	+ / -	deutlich	deutlich	+ / -
D 9/01	PIB	deutlich	deutlich	gering	+ / -
D 2/11	LLD-PE	+ / -	gering	gering	+ / -
Flüssigkunststoffe					
E 8/01	UP	deutlich	gering	gering	~15,90 %
E 8/02	UP	deutlich	gering	gering	~17,10 %
E 8/03	PUR	deutlich	aufgelöst	deutlich	~2,90 %
E 8/04	EA	deutlich	aufgelöst	gering	~1,30 %
Werkstoffgruppe TPO					
F 14/02	TPO	gering	gering	gering	+ / -
F 14/03	TPO	gering	gering	gering	+ / -
F 14/04	TPO	gering	deutlich	gering	+ / -
F 14/05	TPO	gering	gering	deutlich	+ / -
F 14/06	TPO	gering	deutlich	deutlich	+ / -
F 14/07	TPO	gering	gering	gering	+ / -
F 14/08	TPO	gering	gering	gering	+ / -
F 14/09	TPO	deutlich	deutlich	deutlich	~1,49 %
F 14/10	TPO	deutlich	gering	gering	~2,22 %
F 14/11	TPO	stark	stark	stark	+ / -
F 14/12	TPO	+ / -	+ / -	+ / -	+ / -
F 14/13	TPO	gering	gering	deutlich	+ / -
F 14/14	TPO	gering	+ / -	deutlich	+ / -
F 14/15	TPO	stark	deutlich	stark	+ / -
F 14/16	TPO	deutlich	gering	deutlich	+ / -
F 14/17	TPO	deutlich	deutlich	deutlich	+ / -

Tabelle 6: Lagerung in Säurelösung,
Kalkmilch, Kompost und Wasserdampf.

2.4.2. Test 08 - LAGERUNG IN KALKMILCH

a) Anforderung

Künstliche Herbeiführung der alterungsrelevanten Eigenschaftsveränderung zur Feststellung der Qualität, Stabilität und Beständigkeit des Materials.

b) Anmerkungen und Auswertung

Werkstoffgruppe ECB
Die Eigenschaftsveränderungen sind bei 60 % der Proben gering, bei 40 % deutlich.

Werkstoffgruppe EPDM / IIR
Geringe und deutliche Eigenschaftsunterschiede mit gleichmässigen Anteilen.

Werkstoffgruppe EVA, Sonstige
Von gering bis deutlich.

Flüssigbeschichtungen
Deutliche Eigenschaftsveränderungen bei alle Proben.

Werkstoffgruppe TPO
Größtenteils geringe Veränderungen. Besonders auffällig die Proben 14/11und 14/15 mit starken Veränderungen.

Werkstoffgruppe PVC
Bei zwei Proben konnte keine Veränderung festgestellt werden: 10/27, 10/28. Sonst geringe bis deutliche Veränderungen.

Werkstoffgruppe PYE
Unterschiedliches Verhalten. Besonders auffallend die Proben 11/03, 11/13 und 11/ 28 mit starken Veränderungen.

2.4.3. Test 09 - LAGERUNG IN SÄURELÖSUNG

a) Anforderung

Künstliche Herbeiführung der alterungsrelevanten Eigenschaftsveränderung zur Feststellung der Qualität, Stabilität und Beständigkeit des Materials.

b) Anmerkungen und Auswertung

Werkstoffgruppe ECB
Hauptsächlich keine bis geringe Veränderungen. Ausnahme die Proben 2/05, 2/07 und 2/10.

Werkstoffgruppe EPDM / IIR
Von keinen, geringen, deutlichen bis starken Eigenschaftsunterschieden bei Proben 3/07 und 6/01.

Proben-nummer	Werk-stoff	Kalk-milch	Säure-lösung	Kompost lagerung	Hydrolyse
Werkstoffgruppe PVC					
G 10/01	PVC	gering	gering	deutlich	~6,40 %
G 10/02	PVC	gering	deutlich	gering	~0,43 %
G 10/03	PVC	gering	deutlich	gering	~0,43 %
G 10/04	PVC	gering	+ / -	+ / -	~0,16 %
G 10/05	PVC	deutlich	stark	gering	~0,48 %
G 10/06	PVC	deutlich	stark	gering	+ / -
G 10/07	PVC	gering	gering	gering	~0,40 %
G 10/08	PVC	deutlich	+ / -	gering	~0,31 %
G 10/09	PVC	deutlich	gering	gering	~0,19 %
G 10/10	PVC	gering	gering	gering	+ / -
G 10/11	PVC	gering	+ / -	deutlich	~0,22 %
G 10/12	PVC	gering	deutlich	stark	~0,89 %
G 10/13	PVC	gering	+ / -	gering	~1,39 %
G 10/14	PVC	gering	deutlich	gering	~0,27 %
G 10/15	PVC	deutlich	deutlich	gering	~0,20 %
G 10/16	PVC	gering	gering	deutlich	~1,89 %
G 10/17	PVC	gering	gering	gering	~0,60 %
G 10/18	PVC	gering	deutlich	deutlich	~0,66 %
G 10/19	PVC	gering	deutlich	+ /-	~0,85 %
G 10/20	PVC	deutlich	stark	deutlich	~0,18 %
G 10/21	PVC	deutlich	gering	gering	~0,16 %
G 10/22	PVC	deutlich	stark	gering	~0,65 %
G 10/23	PVC	gering	gering	gering	~0,52 %
G 10/25	PVC	deutlich	+ / -	deutlich	~0,33 %
G 10/26	PVC	deutlich	+ / -	deutlich	~0,40 %
G 10/27	PVC	+ / -	+ / -	+ / -	+ / -
G 10/28	PVC	+ / -	deutlich	gering	~0,78 %
G 10/29	PVC	gering	gering	gering	~0,31 %
G 10/30	PVC	gering	gering	gering	~0,51 %
Werkstoffgruppe PYE					
H 11/01	PYE-DIN	deutlich	gering	deutlich	+ / -
H 11/02	PYE-WS	gering	gering	gering	~0,12 %
H 11/03	PYE-Top	stark	gering	deutlich	aufgelöst
H 11/04	PYE-DIN	gering	deutlich	gering	+ / -
H 11/05	PYE-Top	gering	deutlich	gering	aufgelöst
H 11/06	PYE-WS	deutlich	aufgelöst	gering	aufgelöst
H 11/07	PYE-DIN	gering	gering	+ / -	~1,15 %
H 11/08	PYE-DIN	deutlich	+ / -	gering	+ / -
H 11/09	PYE-DIN	gering	stark	deutlich	aufgelöst
H 11/10	PYE-Top	+ / -	gering	gering	aufgelöst
H 11/11	PYE-DIN	gering	+ / -	gering	+ / -
H 11/12	PYE-WS	deutlich	gering	deutlich	aufgelöst
H 11/13	PYE-WS	stark	stark	stark	aufgelöst
H 11/14	PYE-WS	+ / -	+ / -	gering	~0,35 %
H 11/15	PYE-DIN	deutlich	+ / -	gering	~0,14 %
H 11/16	PYE-Top	gering	+ / -	gering	+ / -
H 11/20	PYE-Top	gering	gering	gering	+ / -
H 11/21	PYE-Top	+ / -	+ / -	gering	+ / -
H 11/22	PYE-Top	gering	deutlich	gering	+ / -
H 11/23	PYE-WS	deutlich	deutlich	gering	aufgelöst
H 11/24	PYE-DIN	gering	gering	deutlich	+ / -
H 11/25	PYE-Top	+ / -	+ / -	+ / -	+ / -
H 11/26	PYE-DIN	deutlich	+ / -	deutlich	+ / -
H 11/27	PYE-Top	gering	deutlich	deutlich	+ / -
H 11/28	PYE-Top	stark	stark	stark	~3,56 %
H 11/29	PYE-WS	gering	deutlich	deutlich	+ / -
H 11/30	PYE-Top	gering	gering	gering	+ / -

Fortsetzung Tabelle 6 (links).

Werkstoffgruppe EVA, Sonstige
Mehrheitlich deutliche Veränderungen.

Flüssigbeschichtungen
Die Proben auf Werkstoffbasis PUR und Acryl haben sich aufgelöst.

Werkstoffgruppe TPO
Von keinen, geringen bis deutlichen, die Probe 14/11 mit starken Veränderungen.

Werkstoffgruppe PVC
Mehrheitlich keine bis geringe Veränderungen. Starke Veränderungen bei den Proben 10/05, 10/06, 10/20 und 10/22.

Werkstoffgruppe PYE
Mehrheitlich keine bis geringe Veränderungen. Starke Veränderungen bei den Proben 11/09, 11/13 und 11/28. Die Probe 11/06 hat sich aufgelöst.

2.4.4. Test 10 - MIKROBENBESTÄNDIGKEIT

a) Anforderung

Künstliche Herbeiführung der alterungsrelevanten Eigenschaftsveränderung zur Feststellung der Qualität, Stabilität und Beständigkeit des Materials.

b) Anmerkungen und Auswertung

Werkstoffgruppe ECB
Eigenschaftsveränderungen nahezu deckungsgleich mit den vorangegangenen Auswertungen. Probe 2/05 wieder mit starken Veränderungen.

Werkstoffgruppe EPDM / IIR
Die deutlichen Eigenschaftsunterschiede überwiegen.

Werkstoffgruppe EVA, Sonstige
Von geringen bis deutlichen Veränderungen.

Flüssigbeschichtungen
Von geringen bis deutlichen Veränderungen.

Werkstoffgruppe TPO
Eigenschaftsveränderungen nahezu deckungsgleich mit den vorangegangenen Auswertungen. Proben 14/11 und 14/15 mit starken Veränderungen.

Werkstoffgruppe PVC
Von keinen, geringen bis deutlichen Veränderungen. Bei Probe 10/12 starke Veränderung.

Werkstoffgruppe PYE
Unterschiedliches Verhalten. Besonders auffallend die Proben 11/13 und 11/ 28 mit starken Veränderungen.

Die Bewertung der Tests 08,09 und 10 erfolgte anhand von Streifen, wie von ERNST (1992) beschrieben. Bewertet wurde die Zu-/Abnahme der Flexibilität gegenüber dem Neumaterial.

Roofing strips for evaluation in tests 08, 09 and 10. Rise/fall in flexibility in comparison with new material. Rating: +/- to clear. In test 11 (hydrolysis), the loss of weight was determined.

Échantillons de lés soumis aux essais 08, 09 et 10. Accroissement/ diminution de l'élasticité par rapport au matériau neuf. Appréciation allant de: altération minime à nette altération. L'essai 11 (hydrolyse) permet de mesurer les pertes de masse.

Abbildung 32

2.4.5. Test 11 - HYDROLYSEBESTÄNDIGKEIT

a) Anforderung

Herbeiführung der durch natürliche Beanspruchung hervorgerufene Materialeigenschaftsveränderung bei Hydrolyse.

Hydrolyse im herkömmlichen Sinne bedeutet, die Zerlegung eines Stoffes durch Wasser. Es werden Stoffe unter besonderen Bedingungen in die Vorprodukte zurückgespalten. Eine erhöhte Temperatur bewirkt in vielen Fällen eine thermodynamische Erhöhung der Zerfallsgeschwindigkeit und damit des Abbau- bzw. Spaltungsprozesses und bewirkt ein beschleunigtes Alterungsverhalten.

Mit einer Apothekerwaage wurden die Proben vor und nach 7 Tagen Lagerung im heißem Wasserdampf gewogen und die Massenverluste ermittelt.

b) Anmerkungen und Auswertung

Werkstoffgruppe ECB
Mit einer Ausnahme keine Veränderungen.

Werkstoffgruppe EPDM / IIR
Keine Veränderungen messbar.

Werkstoffgruppe EVA, Sonstige
Keine Veränderungen messbar.

Flüssigbeschichtungen
Starke Hydrolyseanfälligkeit.

Werkstoffgruppe TPO
Mit Ausnahmen der Proben 14/09 und 14/10 keine Veränderungen.

Werkstoffgruppe PVC
Mittlere Hydrolysebeständigkeit. Jedoch auch 3 Proben ohne messbaren Massenverlust.

Werkstoffgruppe PYE
Unterschiedliches Verhalten. Keine messbaren Massenverluste bis zur Auflösung, je nach herstellerspezifischer Materialzusammensetzung.

2.4.6. ERGEBNIS

Bewertet man nur die Bahnen, die in den Tests 08, 09 und 10 keine oder nur geringe Eigenschaftsveränderungen aufweisen, so sind dies nur ca. 30 % der Proben. Berücksichtigt man zusätzlich die Ergebnisse des Tests 11 (Hydrolyse) so verbleiben nur ca. 20 % der Proben, die alle 4 Tests ohne deutliche Eigenschaftsveränderung überstanden haben.

Diese Ergebnisse verdeutlichen die Notwendigkeit von entsprechenden Prüfungen und Nachweisen.

Die Dauer der Prüfzeiten im Anforderungsprofil entstanden aus den Erkenntnissen dieses Tests. Wer damit argumentiert, dass längere Prüfzeiten als 28 Tage nicht notwendig sind, weil sich das Material danach nicht mehr verändert, dem ist zu widersprechen. Parallel laufende Zwischenuntersuchungen ergaben, dass bei den meisten Bahnen erst nach 30 Tagen eine deutliche Abnahme der Flexibilität festgestellt werden konnte.

Tests 08 - 11

Dirt deposits, algae, roots and standing water are realistic problems that can occur on any roof. Studies confirm the stresses caused to roofing sheets, for example, by root acid, easily soluble carbonates and standing water. Calls for tests to determine resistance to acids, lime wash, micro-organisms and hydrolysis are therefore justified. Tests 08, 09 and 10 provide a starting point here. A test period of 90 days is the result of finding that the material characteristics of most roof sheets only change appreciably after 30 days.

The relatively high weight losses in some material groups in test 11 (hydrolysis) demonstrate once again the need for a test of the type that ERNST has been demanding for years.

Essais 08 - 11

Souillures diverses, algues, racines, eau stagnante sont des phénomènes auxquels n'importe quelle toiture peut être confrontée. Les examens confirment que les lés d'étanchéité sont soumis à de multiples agressions, dues par exemple à l'acidité des racines, aux carbonates solubles et à l'eau stagnante. C'est pourquoi il est justifié d'exiger des essais de résistance aux acides, au lait de chaud, aux micro-organismes et à l'hydrolyse. Les essais 08, 09 et 10 donnent à cet effet certains renseignements utiles. L'option 90 jours découle du fait que les propriétés de la plupart des lés ne commencent à se modifier sensiblement qu'au bout de 30 jours.

Les pertes de masse relativement élevées constatées lors de l'essai 11 (hydrolyse) pour certaines catégories de matériaux soulignent encore une fois la nécessité d'un test tel qu'il est réclamé depuis des années par ERNST.

Darstellung 8:
Zusammenfassung der Testergebnisse Test 08-bis Test 11, Summary tests 08 - 11, Résumé essais 08 - 11.

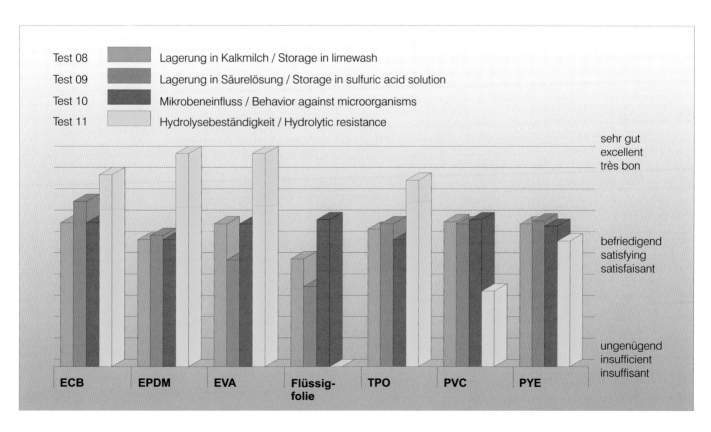

Proben- nummer	Werk- stoff	Dicke gesamt	Fischtest (Std)
Werkstoffgruppe ECB			
A 2/01	ECB	2,0	> 24
A 2/02	ECB	2,0 / 3,0	< 9
A 2/03	ECB	2,0	> 24
A 2/04	ECB	2,0	>24
A 2/05	ECB	2,0	> 24
A 2/06	ECB	2,5	> 24
A 2/07	ECB	2,0	> 24
A 2/08	ECB	2,0	> 24
A 2/09	ECB	2,0	< 24
A 2/10	ECB *	2,6	< 12
Werkstoffgruppe EPDM / IIR			
B 3/01	EPDM*	1,2 / 2,2	> 24
B 3/02	EPDM*	1,5 / 2,5	> 24
B 3/03	EPDM	1,5	< 9
B 3/04	EPDM	1,5 / 2,5	< 9
B 3/05	EPDM	1,5 / 2,5	< 3
B 3/06	EPDM	1,2	< 3
B 3/07	EPDM	1,3 / 1,5	< 3
B 3/08	EPDM	1,3	> 24
B 3/09	EPDM	1,3 / 2,3	< 9
B 3/12	EPDM	1,0	< 3
B 3/13	EPDM	1,2	< 3
B 3/14	EPDM	1,5	< 3
B 6/01	IIR	1,5	< 3
Werkstoffgruppe EVA			
C 4/01	EVA	1,2 / 2,2	> 24
C 4/02	EVA	1,5 / 2,5	< 9
C 4/03	EVA	1,2 / 2,2	< 9
Sonstige;: PEC, PIB, LLD-PE			
D 7/01	PEC	1,5	> 24
D 9/01	PIB	1,5 / 2,5	> 24
D 2/11	LLD-PE	2,0	> 24
Flüssigkunststoffe			
E 8/01	UP	~2,5	< 1
E 8/02	UP	~2,5	< 1
E 8/03	PUR	~2,0	< 1
E 8/04	EA	~1,2	< 1
Werkstoffgruppe TPO			
F 14/02	TPO	1,8	> 24
F 14/03	TPO	1,6	> 24
F 14/04	TPO	2,0	< 9
F 14/05	TPO	2,0	< 3
F 14/06	TPO	2,0	> 24
F 14/07	TPO	2,0	> 24
F 14/08	TPO	1,5	> 24
F 14/09	TPO	1,5	< 9
F 14/10	TPO	1,8	< 9
F 14/11	TPO	1,5	< 12
F 14/12	TPO	1,2	< 6
F 14/13	TPO	2,5	< 1
F 14/14	TPO	2,0	< 24
F 14/15	TPO	1,5	< 24
F 14/16	TPO	1,5	< 24
F 14/17	TPO	1,2	> 24

Tabelle 7:
Fischtest / Abwasserbelastung

2.5. DIE NEUEN TESTS

2.5.1. ABWASSERBELASTUNG (Fischtest)

2.5.1.1. EINLEITUNG

Baustoffe werden zunehmend unter ökologischen und (bau-) biologischen Gesichtspunkten kritisch unter die Lupe genommen. Dies betrifft auch Produkte, die der Witterung ausgesetzt sind, insbesondere Dachbahnen. In den letzten Jahren wurde vom Industrieverband **vdd** aktiv Aufklärungsarbeit betrieben und Ergebnisse biologischer Tests und wissenschaftlicher Untersuchungen bei bituminösen Werkstoffen veröffentlicht (vdd). Diesen Tests und Untersuchungen lag jedoch eine spezielle Aufgabenstellung unter werkstoffspezifischen Anforderungen zugrunde. In anderen Werkstoffbereichen findet man nur spärliche Informationen und es ist nahezu unmöglich einen Überblick über die gesamte Produktpalette zu bekommen. Deshalb entstand die Forderung nach einer einheitlichen Testmethode für alle Dachbahnenwerkstoffe, um zumindest eine mögliche Umweltbelastung von Abwasser einschätzen zu können.

Eine ökologische Gesamtbetrachtung kann wohl erst nach Abschluss der derzeit laufenden Festlegungen in einer Norm erfolgen. Ein wichtiger Teilaspekt ist dabei der Einfluss von wasserlöslichen Inhaltsstoffen eingebauter Dachbahnen auf die Abwasserqualität. Chemisch oder physikalisch gebundene toxische Inhaltsstoffe, die wasserunlöslich sind, werden dabei nicht erfasst.

2.5.1.2. PROBLEMSTELLUNG

Wie soll ein Bauherr, Architekt, Verarbeiter, Sachverständiger oder Richter entscheiden, wenn von Herstellern in Prospekten, Datenblätter und Ausschreibungstexten Materialeigenschaften beschrieben werden, die prüftechnisch (noch) nicht erfasst sind ?
Wie kann bei der Vergabe die Gleichwertigkeit eines anderen Produktes bei folgendem Ausschreibungstext eines Herstellers festgestellt werden

„ *Materialeigenschaften der Dachdichtungsbahn:*
.... tier- und pflanzenverträglich, ungiftig für Mensch und
Tier, frei von toxischen Substanzen, ...".

Diese Frage führte dazu, dass nach Diskussionen und Schriftverkehr Bauherr, Architekt und Verarbeiter immer mehr verunsichert wurden. Ohne den tatsächlichen Nachweis zu erbringen, warf ein Hersteller dem anderen vor, Gifte, wie Arsen, Kupfernaphthenat und andere toxische Chemikalien bei der Herstellung zu verwenden. Für langandauernde und teure wissenschaftliche Untersuchungen mittels Spectrometer war keine Zeit, denn das Bauvorhaben unterlag einer strengen Terminvorgabe mit entsprechenden Verzugsstrafen. Der Dachdecker, der seiner Meinung nach eine gleichwertige Bahn angeboten hatte und unter Termindruck stand, beauftragte den Verfasser Anhaltspunkte für eine Entscheidung zu erarbeiten.

Proben-nummer	Werk-stoff	Dicke gesamt	Fischtest (Std)
Werkstoffgruppe PVC			
G 10/01	PVC	1,2	< 1
G 10/02	PVC	1,5	< 1
G 10/03	PVC	1,5	< 3
G 10/04	PVC	1,5	< 3
G 10/05	PVC	1,2	< 1
G 10/06	PVC	1,5	< 1
G 10/07	PVC	1,2	< 1
G 10/08	PVC	1,5	< 1
G 10/09	PVC	2,0	< 1
G 10/10	PVC	1,8	< 1
G 10/11	PVC	1,5	< 3
G 10/12	PVC	1,5	< 3
G 10/13	PVC	2,4	< 12
G 10/14	PVC	2,4	< 1
G 10/15	PVC	1,5	< 1
G 10/16	PVC	2,0	< 24
G 10/17	PVC	1,5	< 1
G 10/18	PVC	1,5	< 3
G 10/19	PVC	1,2	< 1
G 10/20	PVC	2,4 / 3,4	< 1
G 10/21	PVC	1,8 / 2,8	< 1
G 10/22	PVC	2,0	< 1
G 10/23	PVC	2,0	< 1
G 10/25	PVC	1,5	< 3
G 10/26	PVC	1,8	< 1
G 10/27	PVC	2,4	< 1
G 10/28	PVC	1,5	< 1
G 10/29	PVC	1,5	< 1
G 10/30	PVC	1,2	< 1
Werkstoffgruppe PYE			
H 11/01	PYE-DIN	~5,0	< 9
H 11/02	PYE-WS	~5,0	< 9
H 11/03	PYE-Top	~4,0	< 9
H 11/04	PYE-DIN	~5,0	< 9
H 11/05	PYE-Top	~4,0	< 24
H 11/06	PYE-WS	~4,5	< 3
H 11/07	PYE-DIN	~5,2	< 9
H 11/08	PYE-DIN	~5,0	< 24
H 11/09	PYE-DIN	~4,0	< 9
H 11/10	PYE-Top	~5,0	< 24
H 11/11	PYE-DIN	~5,0	< 24
H 11/12	PYE-WS	~5,0	< 24
H 11/13	PYE-WS	~5,0	< 24
H 11/14	PYE-WS	~5,0	< 24
H 11/15	PYE-DIN	~5,0	< 24
H 11/16	PYE-Top	~5,0	< 9
H 11/20	PYE-Top	~4,0	< 24
H 11/21	PYE-Top	~5,2	< 24
H 11/22	PYE-Top	~5,4	< 24
H 11/23	PYE-WS	~5,0	< 24
H 11/24	PYE-DIN	~5,0	< 24
H 11/25	PYE-Top	~5,0	< 24
H 11/26	PYE-DIN	~5,0	< 24
H 11/27	PYE-Top	~4,2	< 24
H 11/28	PYE-Top	~5,2	< 24
H 11/29	PYE-WS	~5,0	< 24
H 11/30	PYE-Top	~4,7	< 24

Fortsetzung
Tabelle 7 (links).

Die Aufgabenstellung wurde aufgrund der projektspezifisch hohen und sensiblen Anforderungen dahingehend formuliert, dass neben der dauerhaften Funktionstüchtigkeit aufgrund von behördlichen Auflagen eine Umweltbelastung so gering wie möglich zu halten ist und besonderer Wert auf die Qualität des Abwassers gelegt wurde.

2.5.1.3. LÖSUNGSANSATZ

Es gibt zahlreiche Prüfverfahren, die nicht neu erdacht werden müssen, sondern entsprechend den jeweiligen Anforderungen abgewandelt anzuwenden sind (Ernst). So konnte auch in der vorgenannten Fragestellung unter Heranziehung von vorhandenen Normen Anhaltspunkte zur Entscheidung herbeigeführt werden, wie nachfolgend dargestellt wird.

Um die Qualität von (Trink-)Wasser zu überprüfen, werden in der Wasserwirtschaft Krebsarten, Wasserflöhe und Fische eingesetzt. Bewährt hat sich hier die Goldorfe (Leuciscus idus (L.), Goldvariante: Goldorfe) (siehe Abbildung 27) eine orangefarbige Farbvarietät des Alands (Orfe), der in größeren Flüssen und Seen in Mittel- und Nordeuropa vorkommt. Die Goldorfe hat den Vorteil, dass sie äußerst empfindlich und deutlich sichtbar auf Veränderungen im Wasser reagiert. Für die Überprüfung von Wasserqualität gilt das Deutsche Einheitsverfahren.

In DIN 38 412 / Teil 31 - Testverfahren mit Wasserorganismen (Gruppe L) ist die Bestimmung von akut giftiger Wirkung von belastetem Wasser gegenüber Fischen (Goldorfe) festgeschrieben. Das in dieser Norm vorgegebene Prüfverfahren war Ausgangspunkt für nachfolgende Testanordnung.

Abbildung 27:
Goldorfe im Testglas.
Test fish in preserve jar.
Poisson-test dans un bocal.

2.5.1.4. TESTANORDNUNG

a) Prüfeinrichtung

-        Einmachglas mit 1 l Inhalt, ca. 16 cm Höhe und
         11 cm Durchmesser,
-        Verdünnungswasser aus chlorfreiem Trink-
         wasser gemäß DIN 38 412,
-        Testfisch: Goldorfe (Leuciscus idus)
         nach DIN 38 412;
         Länge der Fische: 30-40 mm.

b) Probenentnahme / Prüfung

Aus der Bahn wird eine Probe der Größe 100 x 50 mm
entnommen und mittig an der Querseite gelocht. Die
Probe ist mittels Stahldrahthaken der unterseitig am
Glasdeckel befestigt ist in das mit 750 cm^3 Wasser
gefüllte Einmachglas einzuhängen. Die Probe muss sich
vollständig im Wasser befinden und darf nicht am Glas
anliegen. Das Glas mit der Probe und ein Kontrollglas
ohne Probe, aber mit Stahlhaken, sind im Wärmeschrank
bei 60° ± 2°C für 14 Tage zu lagern. Danach ist die
Probe zu entnehmen. Die Einmachgläser mit dem
Wasser sind auf 18°C abzukühlen. Nach der Abkühlung
ist das Wasser zu belüften, so dass eine Mindestsauerstoffkonzentration von 4 mg/l erreicht wird. Danach sind
pro Glas 3 Goldorfen einzusetzen.

Die Prüfung gilt als bestanden, wenn alle 3 eingesetzten
Fische 24 h überlebt haben. Stirbt ein Fisch im Kontrollglas, so ist die Prüfung nicht zu werten.

Jeder Werkstoffgruppe wurde eine 0-Probe zugeordnet.

Klarzustellen ist, dass bei diesem Test wasserunlösliche
und dauerhaft stabil eingebundene Komponenten mit
toxischer Wirkung nicht festgestellt werden können. Dies
zu ermitteln war auch nicht die Absicht, denn solche
Komponenten belasten unter normaler Beanspruchung
im eingebauten Zustand auch nicht das abfließende
Niederschlagswasser.

2.5.1.5. TESTERGEBNISSE

Werkstoffgruppe ECB

Mit zwei Ausnahmen haben die Bahnen den Test bestanden.

Werkstoffgruppe EPDM / IIR

Den Test bestanden haben die Proben 3/01, 3/02, 3/08.
Bereits nach 3 Stunden waren bei der Mehrzahl der Proben alle drei eingesetzten Testfische tot.

Werkstoffgruppe EVA

Den Test bestanden hat die Probe 4/01.

Sonstige: PEC, PIB, PE

Den Test bestanden alle drei Proben.

Flüssigkunststoffe

Bei allen 4 Proben waren die eingesetzten Testfische
innerhalb kürzester Zeit tot.

Werkstoffgruppe TPO

6 Bahnen haben den Test bestanden. Eine Bahn (Probe
14/13) fällt hier deutlich aus der Reihe.

Werkstoffgruppe PVC

Die Probe 10/16 zeigt, dass auch PVC-Bahnen den
Anforderungen dieses Tests gerecht werden können.

Werkstoffgruppe PYE

Zwei Drittel der Bahnen haben das Testziel fast erreicht.

2.5.1.6. ANMERKUNGEN

Falls es (projektspezifisch) erforderlich ist, kann die
immer häufiger gestellte Frage nach der Belastung der
Umwelt durch vom Dach abfließendes Niederschlagswasser mit dem oben vorgestellten Test einfach, kosten-
günstig und eindeutig geklärt werden. Nicht nachvoll-
ziehbaren Argumenten und Behauptungen in Werbe-
schriften, Prospekten und Ausschreibungstextvorgaben
einiger Hersteller wird mit diesem Test ein Teil der Argu-
mentationsgrundlage entzogen. Eine ökologische Diskussion wird versachlicht.

**Es bleibt dem Einzelnen überlassen, diese Testergeb-
nisse entsprechend zu gewichten.**

Der Test ist nicht werkstoffspezifisch und kann deshalb
bei allen Dachbahnen und auch bei anderen auf dem
Dach eingesetzten Materialien angewendet werden.
Interessenten wenden sich an die jeweiligen Hersteller,
die den Test mit Prüfzeugnissen von anerkannten
Instituten nachweisen. Alternative Tests wie zum Beispiel
mit der Nitrifikantentoxizität nach ISO ,sind ebenfalls zu
berücksichtigen.

**Die Wertigkeit von Baustoffen unter ökologischen Ge-
sichtspunkten gewinnt immer mehr an Bedeutung.
Deshalb wurden die Erkenntnisse aus diesem Test auch
als Prüfung definiert und in das fortgeschriebene
Anforderungsprofil (siehe Kapitel IV) aufgenommen.**

2.5.2. KÄLTEKONTRAKTION

2.5.2.1. EINLEITUNG

Die langjährige Praxis hat gezeigt, dass Schäden bei lose verlegten Dachdichtungsbahnen meist in der kalten Jahreszeit auftreten. Die Ursachen hierfür liegen oft bei temperaturbedingten Zugkräften, die bei Material-schrumpfung infolge Kälteeinwirkung auftreten. Von diesen Kältekontraktionskräften berichteten SCHOEPE und PASTUSKA bereits Anfang der neunziger Jahre. Es erfolgte eine klare Aussage dahingehend, dass der Aufbau der Kältekontraktionskräfte nicht von der Länge des Materials abhängig ist und die Kräfte bei Alterung der Bahnen zunehmen.
Welche Zugkräfte im Winter bei tiefen Temperaturen in den heutigen Dichtungsbahnen aufgebaut werden, vor allem wenn sie im Sommer bei hohen Temperaturen ver-legt wurden, kann aus den technischen Datenblätter der Bahnen mit Normwerten nicht abgeleitet werden. Anhaltspunkte geben die nachfolgend dargestellten Ergebnisse der 105 getesteten Bahnen.

2.5.2.2. KÄLTEKONTRAKTIONSKRÄFTE

Die Kältekontraktionskräfte wirken in Längs- und Querrichtung der Bahn. Das heißt, die auftretenden Kräfte belasten alle Fixierungspunkte und auch die Nähte. Hierbei ist zu berücksichtigen, ob die Bahn lose verlegt mit Auflast, lose verlegt und mechanisch fixiert oder vollflächig verklebt ist. Bei der vollflächigen Verklebung werden ein Teil der Zugkräfte durch die Verklebung abgetragen. Dies gilt im weitgehendsten Sinne für Flüssigkunststoffe und vollflächig verklebte Polymerbahnen.

Abbildung 28, 29, 30:

Kältekontraktionsschäden bei ver-schiedenen Dachbahnen (PVC, CSM, TPO).

Cold contraction damage to a variety of roofing sheets (PVC, CSM, TPO)

Dommages sur divers lés de toi-ture résultant de contractions dues au froid (PVC, CSM, TPO).

Proben-nummer	Werk-stoff	Dicke gesamt	Kältekontraktion in kg / m
Werkstoffgruppe ECB (*) Deponiebahn			
A 2/01	ECB	2,0	261,501
A 2/02	ECB	2,0 / 3,0	247,333
A 2/03	ECB	2,0	192,116
A 2/04	ECB	2,0	197,166
A 2/05	ECB	2,0	241,752
A 2/06	ECB	2,5	243,751
A 2/07	ECB	2,0	253,916
A 2/08	ECB	2,0	243,752
A 2/09	ECB	2,0	282,416
A 2/10	ECB *	2,6	458,333
Werkstoffgruppe EPDM / IIR (*) therm. Elast.			
B 3/01	EPDM*	1,2 / 2,2	36,583
B 3/02	EPDM*	1,5 / 2,5	45,416
B 3/03	EPDM	1,5	10,166
B 3/04	EPDM	1,5 / 2,5	12,916
B 3/05	EPDM	1,5 / 2,5	41,833
B 3/06	EPDM	1,2	4,416
B 3/07	EPDM	1,3 / 1,5	14,501
B 3/08	EPDM	1,3	7,252
B 3/09	EPDM	1,3 / 2,3	12,751
B 3/12	EPDM	1,0	2,166
B 3/13	EPDM	1,2	2,583
B 3/14	EPDM	1,5	7,502
B 6/01	IIR	1,5	25,583
Werkstoffgruppe EVA			
C 4/01	EVA	1,2 / 2,2	194,833
C 4/02	EVA	1,5 / 2,5	215,666
C 4/03	EVA	1,2 / 2,2	245,333
Sonstige;: PEC, PIB, LLD-PE			
D 7/01	PEC	1,5	94,166
D 9/01	PIB	1,5 / 2,5	39,917
D 2/11	LLD-PE	2,0	26,751
Flüssigkunststoffe			
E 8/01	UP	~2,5	349,833
E 8/02	UP	~2,5	302,417
E 8/03	PUR	~2,0	12,083
E 8/04	EA	~1,2	10,834
Werkstoffgruppe TPO			
F 14/02	TPO	1,8	188,333
F 14/03	TPO	1,6	136,083
F 14/04	TPO	2,0	315,833
F 14/05	TPO	2,0	223,083
F 14/06	TPO	2,0	429,166
F 14/07	TPO	2,0	307,667
F 14/08	TPO	1,5	177,167
F 14/09	TPO	1,5	92,552
F 14/10	TPO	1,8	168,751
F 14/11	TPO	1,5	249,252
F 14/12	TPO	1,2	106,333
F 14/13	TPO	2,5	173,333
F 14/14	TPO	2,0	273,666
F 14/15	TPO	1,5	136,333
F 14/16	TPO	1,5	78,583
F 14/17	TPO	1,2	100,416

Tabelle 8:
Kältekontraktion in kg/m.

2.5.2.3. VERSUCHSANORDNUNG

Gemessen wird die Zugkraft der Bahn unter Einfluss von Kälte am Neumaterial.Die Funktionsskizze dieser Prüfanordnung ist in Darstellung 9 wiedergegeben.

Aus der Materialprobe werden zwei Bahnenstreifen in der Größe von 500x60 mm, mit der längeren Seite parallel zur Längsrichtung der Bahn entnommen.Die vorkonfektionierten Streifen werden während einer Dauer von 24 h bei einer Raumtemperatur von + 20° C gelagert. Danach werden die Bahnenstreifen in die Prüfeinrichtung mit einer Vorspannung von 100 gr. eingespannt und auf - 30°C abgekühlt. Nach 2 Stunden wird die Zugspannung abgelesen und die Vorspannung in Abzug gebracht.

Die Temperaturspanne beträgt in diesem Fall 50° C. Diese Temperaturspanne ist verhältnismäßig gering, wenn man bedenkt, dass Extremtemperaturen von - 30° Grad aufgrund der globalen Wetterveränderung auch bei Kontinentalklima keine Ausnahme mehr sind und sich das frei bewitterte Dach im Sommer enorm aufheizen kann. (Sommerliche Verlegetemperaturen können über 40 ° C betragen).

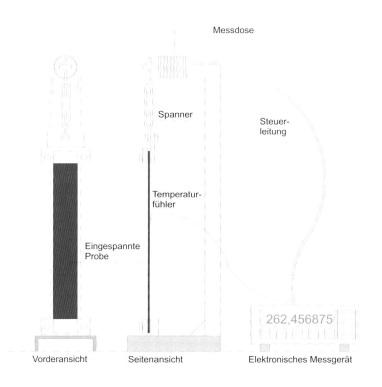

Darstellung 9:
Funktionsskizze Prüfanordnung Kältekontraktion.
Functional diagram: design of equipment for testing cold contraction.
Appareillage d´essai: contraction au froid.

Proben-nummer	Werk-stoff	Dicke gesamt	Kältekontraktion in kg / m
Werkstoffgruppe PVC			
G 10/01	PVC	1,2	19,917
G 10/02	PVC	1,5	18,534
G 10/03	PVC	1,5	24,216
G 10/04	PVC	1,5	29,201
G 10/05	PVC	1,2	5,583
G 10/06	PVC	1,5	12,867
G 10/07	PVC	1,2	33,333
G 10/08	PVC	1,5	21,502
G 10/09	PVC	2,0	30,734
G 10/10	PVC	1,8	37,151
G 10/11	PVC	1,5	4,483
G 10/12	PVC	1,5	6,301
G 10/13	PVC	2,4	27,267
G 10/14	PVC	2,4	11,983
G 10/15	PVC	1,5	27,505
G 10/16	PVC	2,0	15,616
G 10/17	PVC	1,5	55,555
G 10/18	PVC	1,5	17,366
G 10/19	PVC	1,2	31,852
G 10/20	PVC	2,4 / 3,4	62,834
G 10/21	PVC	1,8 / 2,8	54,252
G 10/22	PVC	2,0	56,134
G 10/23	PVC	2,0	58,033
G 10/25	PVC	1,5	41,005
G 10/26	PVC	1,8	32,502
G 10/27	PVC	2,4	226,833
G 10/28	PVC	1,5	286,583
G 10/29	PVC	1,5	190,005
G 10/30	PVC	1,2	63,833
Werkstoffgruppe PYE			
H 11/01	PYE-DIN	~5,0	90,833
H 11/02	PYE-WS	~5,0	35,002
H 11/03	PYE-Top	~4,0	7,916
H 11/04	PYE-DIN	~5,0	81,666
H 11/05	PYE-Top	~4,0	57,251
H 11/06	PYE-WS	~4,5	111,583
H 11/07	PYE-DIN	~5,2	171,666
H 11/08	PYE-DIN	~5,0	37,333
H 11/09	PYE-DIN	~4,0	55,001
H 11/10	PYE-Top	~5,0	30,833
H 11/11	PYE-DIN	~5,0	86,667
H 11/12	PYE-WS	~5,0	16,083
H 11/13	PYE-WS	~5,0	57,916
H 11/14	PYE-WS	~5,0	188,917
H 11/15	PYE-DIN	~5,0	169,918
H 11/16	PYE-Top	~5,0	95,583
H 11/20	PYE-Top	~4,0	17,917
H 11/21	PYE-Top	~5,2	133,502
H 11/22	PYE-Top	~5,4	57,917
H 11/23	PYE-WS	~5,0	126,751
H 11/24	PYE-DIN	~5,0	75,666
H 11/25	PYE-Top	~5,0	72,502
H 11/26	PYE-DIN	~5,0	60,416
H 11/27	PYE-Top	~4,2	143,583
H 11/28	PYE-Top	~5,2	60,333
H 11/29	PYE-WS	~5,0	16,666
H 11/30	PYE-Top	~4,7	72,916

Fortsetzung
Tabelle 8 (links).

2.5.2.4. TESTERGEBNISSE

Zwischen den einzelnen Werkstoffgruppen gibt es erhebliche Unterschiede, wie Tabelle 8 zeigt. Aus Tabelle 9 ist zu entnehmen, dass der Mittelwert bei den Werkstoffgruppen ECB, EVA und TPO nahezu doppelt so hoch ist wie der Mittelwert aller Bahnen. Im Gegensatz dazu stehen die Mittelwerte der Werkstoffgruppen EPDM und PVC, ebenso PYE. (PIB, PEC bleiben unberücksichtigt, da jeweils nur eine Bahn getestet wurde).

Betrachtet man die Einzelergebnisse, so ist festzustellen, dass bei den Werkstoffgruppen ECB und TPO jeweils eine Bahn (A 2/10 und F 14/06) mit überdurchschnittlich hohen Werten Einfluss auf den Mittelwert hat. Die Bahn A 2/10 ist eine Tiefbau- / Deponiebahn, die im Regelfall nur mit einer entsprechend hohen Erdüberdeckung eingebaut wird, so dass die Kältekontraktionskräfte keine Rolle spielen.

Aus der Differenz zwischen Höchst- und Mindestwert in %-Angaben sind die werkstoffspezifischen Möglichkeiten abzuleiten. Während sich die Produkte bei EVA und ECB in einem relativ engen Rahmen bewegen, wird bei EPDM und PYE - und insbesondere bei PVC - die Vielfältigkeit des Machbaren deutlich.

Interessant ist die Tatsache, dass sich die ermittelten Zugkräfte bei Bahnen von Herstellern aus den nördlichen Ländern deutlich an der Untergrenze der gemessenen Zugkräfte liegen, während Bahnen aus "südländischer Produktion" ebenso deutlich an der Obergrenze liegen. Vergleicht man die Produkte innerhalb der Werkstoffgruppen, so kann man folgendes feststellen:

Abbildung 31: Kältekontraktionsschaden

Werkstoffgruppe ECB

Die Werte liegen werkstoffbedingt in einem relativ engen Rahmen, mit Ausnahme der Probe A 2/10, die den Mittelwert erheblich beeinflusst. Es handelt sich hier um eine Bahn, die hauptsächlich im Tiefbau Anwendung findet.

Werkstoffgruppe EPDM

Mit zunehmender Dicke steigen die Werte. Den höchsten Wert erzielt die Probe B 3/05.

Werkstoffgruppe EVA

Die Werte sind herstellerbedingt.

Flüssigkunststoffe

Deutliche Unterschiede aufgrund der eingesetzten Werkstoffbasis.

Werkstoffgruppe TPO

Deutliche herstellerbedingte und dickenabhängige Werte. Die Probe F 14/06 beeinflusst den Mittelwert erheblich.

PVC

Deutliche herstellerbedingte und dickenabhängige Werte. Höchstwerte bei Bahnen ohne Einlage.

Sonstige: PIB, PEC, LLD-PE

Mit je einer Probe fehlt die Vergleichbarkeit.

Werkstoffgruppe PYE

Nachdem im Test einige Bahnen vertreten sind, die nach Herstellerrichtlinien einlagig und lose verlegt werden, sind die Kältekontraktionskräfte auch bei dieser Werkstoffgruppe zu berücksichtigen.

2.5.2.5. SCHLUSSBETRACHTUNG

Um sich im Schadensfall nicht mit ungelösten und schwer nachweisbaren Problemen beschäftigen zu müssen, sollten vom jeweiligen Hersteller die Kältekontraktionskräfte und die daraus resultierenden verlegetechnischen Maßnahmen für die verlegte Bahn erfragt und schriftlich festgehalten werden.

Man kommt damit einer möglichen gerichtlichen Argumentation zuvor, die davon ausgeht:

> dass das Material ja der Norm entspräche und eine Kältekontraktionsprüfung dort nicht vorgesehen
> - und demnach auch nicht nachzuweisen ist.

Aufgrund der zahlreichen Schadensfälle in der Vergangenheit, die eindeutig auf Kältekontraktion zurückzuführen sind, wurde diese Prüfung in das Anforderungsprofil aufgenommen.

Werkstoff	Höchstwert	Mindestwert	Mittelwert	Differenz in %
ECB	458,333	192,116	262,204	239 %
EPDM	45,416	2,166	17,205	2097 %
EVA	245,333	194,833	218,611	126 %
PEC			94,167	
Flüssigfolie	349,833	10,834	168,792	3229 %
PIB			39,917	
TPO	429,166	78,583	197,284	546 %
PVC	286,583	4,483	51,827	6393 %
PYE	188,917	7,916	78,975	2387 %
Mittelwert alle Proben			106,756 kg / m	

Tabelle 9:
Übersicht Kältekontraktionskräfte bei den einzelnen Werkstoffgruppen.

2.5.2.6. FOLGERUNG

Aus den ermittelten Werten ist ersichtlich, dass der Mittelwert aller Proben bei

- 106, 756 kg / m

liegt und bei:

- 19 % der Bahnen über 200 kg / m,
- 6 % der Bahnen über 300 kg / m,
- 2 % der Bahnen über 400 kg / m.

Daraus lässt sich eindeutig eine Forderung auf Beschränkung der

Kältekontraktionskräfte beim Neumaterial

ableiten. Dieser Wert sollte bei

- maximal 200 kg / m

liegen. Der Maximalwert sollte auch in die Vorgaben zum Beispiel für Randfixierung, Nahtfestigkeit, Anforderungen an den Untergrund, etc. einfließen.

Summary - New Tests

a) Fish test

Ecological standpoints are becoming increasingly important. Claims by manufacturers such as "non-toxic to people and animals, free from toxic substances" have not been proved in tests to date. However, in order to make the discussion more objective, a test has been developed on the basis of existing standards.

To test drinking water quality, fish are also used in water management in addition to crabs and water-fleas. The golden orfe (leuciscus idus) has proved reliable in this. The fish are placed in water in which a test piece of roofing sheet has been stored beforehand for 14 days at 60 degrees. After the test water has been cooled to 18 degrees and air has been passed through it, 3 test fishes are placed inside. The results are regarded as successful if all 3 test fishes survive for 24 hours.

In this test, no sign was found of components that do not dissolve in water or that are permanently stably bound. This was not unexpected, since components of this type are not contained in the precipitation water flowing across the roof under normal loading when installed.

b) Cold contraction

Practical experience over the years has shown that damage to loose laid roofing sheets generally occurs in colder weather. This is often the result of temperature-related tensile forces which occur when the material shrinks as a result of the cold.

The technical datasheets do not indicate what tensile forces can build up in modern roofing sheets in cold weather in winter, especially if they are laid in summer when the weather is hot. The results of tests on 105 test pieces provide some indication. Rating: kg/m.
 To prevent the user having to cope with unsolved and undetectable problems in the event of damage, the manufacturer should determine and set down in writing the cold contraction forces and the corresponding measures that should be taken during laying.

The values determined show that the cold contraction force for new materials should be limited to a maximum of 200 kg/m.

Both tests are taken into account in the latest update of the requirement profit, see page 84.

Darstellung 10: Zusammenfassung Test 13, Summary test 13, Résumé essai 13.

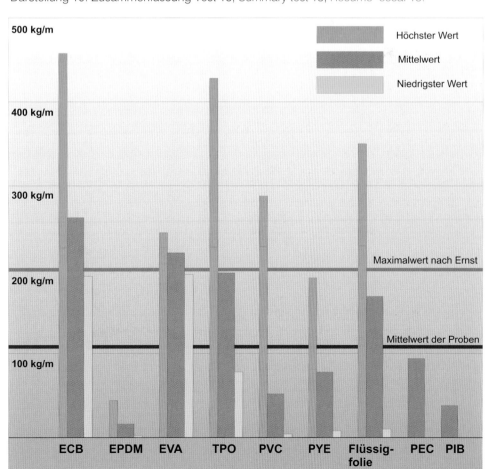

Résumé - Les nouveaux tests

a) Le test du poisson

Les considérations écologiques revêtent une importance grandissante. Jusqu'ici, on ne disposait pas d'essais techniques permettant de contrôler le degré de fiabilité de formulations telles que "inoffensif pour les hommes et les animaux, non toxique". Pour donner à la discussion une base objective, un essai a été mis au point à partier des normes existantes.

Les services des eaux recourent à des écrevisses et à des puces d'eau pour contrôler la qualité de l'eau potable, mais aussi à des poissons. L'Orfe dorée *(Leuciscus idus)* a ici fait ses preuves. Les poissons sont mis dans de l'eau qui a auparavant contenu pendant 14 jours, à 60 degrés, un échantillon d'un lé de toiture. L'eau de contrôle est ensuite ramenée à 18 degrés, puis aérée avant de recevoir 3 poissons. Le contrôle de qualité est réussi si les 3 poissons ont survécu après un séjour de 24 heures.

C et essai ne vérifie pas la présence de composants insolubles dans l'eau et durablement stables. Tel n'est d'ailleurs pas son but dans la mesure où de tels composants, lorsqu'ils sont incorporés au matériel et dans des conditions normales de sollicitation, ne polluent pas les eaux de ruissellement.

b) Contraction au froid

Des années d'expérience prouvent que, dans le cas de lés de toitures posés sans collage, c'est pendant la saison froide que se produisent le plus grand nombre de dommages. Les causes en sont souvent les forces de tractions qui s'exercent lorsque le matériau soumis aux basses températures se rétracte.
Les fiches techniques ne précisent pas à quelles forces de traction peuvent être soumis les lés actuels en hiver, par basse température, surtout s'ils ont été posés en été par des températures élevées. Les résultats de 105 échantillons testés donnent quelques indications à ce sujet. Résultat: kg/m.

Pour éviter, en cas de dommages, d'être confronté à des problèmes difficiles à cerner, il conviendrait d'exiger des producteurs des précisions écrites sur les forces de contraction résultant du froid et sur les conséquences techniques qui en découlent pour la pose.
Les résultats obtenus permettent de limiter à 200 kg/m pour un matériau neuf la force de contraction due au froid.
Les deux essais ci-dessus sont pris en compte par l'actualisation du profil d'exigences tel qu'il est défini p. 85.

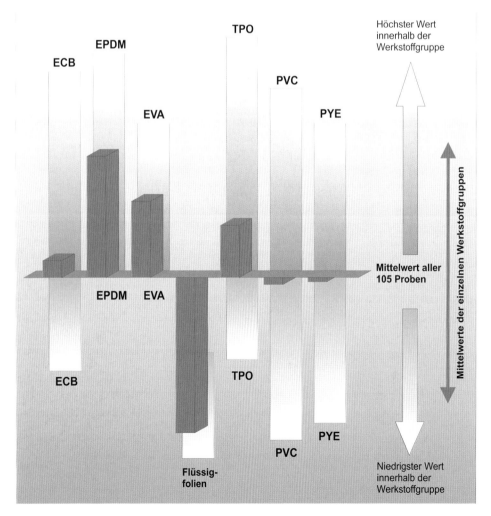

Darstellung 11:
Alle Werkstoffgruppen im Verhältnis zum Mittelwert aller 105 Proben, sowie dem Höchst-/Niedrigstwert der jeweiligen Gruppe.
Die Flüssigkunststoffe liegen deutlich unter dem Mittelwert aller Proben, PVC und PYE nur ganz knapp darunter. Erfreulich ist die Entwicklung von ECB und dem "neuen Werkstoff" TPO, die sich beide vom Mittelwert positiv abgesetzt haben. Die besten Mittelwerte weisen EPDM und EVA auf.

Produktbezogene Höchstwerte einzelner Bahnen sind bei ECB, EPDM, TPO, PVC und PYE festzustellen.

All the material groups in relation to the mean of all 105 tested test pieces, along with the highest/lowest value for each group.

Toutes les catégories de matériaux sont figurées ici en relation avec les résultats moyens des 105 échantillons testés, ainsi qu'avec la valeur maximum/minimumenregistrée pour chaque catégorie concernée.

III. Auswertungen, Vergleiche, Bewertungen

Evaluations

The mean values were determined for the individual material groups, and shown for each test. The roofing sheets grouped together under "Other" (PEC, PIB, HDPE) are not taken into consideration, since one test piece does not provide any comparison.

Any interpretation of the following Figures 11 to 22 will be individual. No conclusion can be drawn as regards the individual products, since there were on occasion massive differences within the material group, depending on manufacturing process, sheet construction and thickness of the test piece in question. The negative and positive values were added to the diagrams to illustrate the range of quality within each material group. This then shows that is feasible and possible within the material group.
 In the past, these values were sometimes interpreted as the results for the "best roofing sheet" or the "worst sheet". This is not the case. The figures were determined from all the test pieces taken together.

The mean value of the material group in question is shown in comparison with the mean value for all 105 test pieces.

The number of test pieces for the individual material group should be taken into consideration in each case. The higher the number of test pieces, the more reliable the results are.

Interprétations

Pour chaque catégorie de matériaux et pour chaque essai, les valeurs moyennes ont été dégagées et reportées sur les tableaux correspondants. Les lés regroupés sous la rubrique "divers" (PEC, PIB, HDPE) n'ont pas été pris en considération, car la présence d'un seul échantillon pour chacune de ces catégories ne permettait pas de comparaison valable.

L'interprétation des tableaux 11 à 22 (ci-dessous) ne peut être qu'individuelle. Elle n'autorise pas de conclusions générales quant aux produits particuliers car, à l'intérieur d'une même catégorie de matériaux, des différences souvent considérables ont pu être observées sur les échantillons prélevés, en fonction du procédé de fabrication, de l'équipement des lés considérés et de leur épaisseur.

1. Auswertungen

Von den einzelnen Werkstoffgruppen werden jeweils die Mittelwerte ermittelt und auf die jeweiligen Tests bezogen dargestellt. Nicht berücksichtigt sind die unter "Sonstige" zusammengefassten Bahnen (PEC, PIB, PE), da mit jeweils einer Probe keine Vergleichbarkeit gegeben ist.

Eine Interpretation der nachfolgenden Darstellungen 12 bis 22 ist jeweils individuell. Rückschlüsse auf die einzelnen Produkte sind daraus nicht abzuleiten, da innerhalb der Werkstoffgruppe in Abhängigkeit von Herstellungsverfahren, Bahnenausrüstung und Dicke der jeweiligen Probe teilweise enorme Unterschiede festzustellen sind. Ergänzt werden die Darstellungen mit den Negativ- und Positivwerten aller Bahnen, um die qualitative Bandbreite innerhalb der jeweiligen Werkstoffgruppe zu verdeutlichen. Daraus lässt sich ersehen, was innerhalb der Werkstoffgruppe machbar und möglich ist. Diese Werte wurden in der Vergangenheit manchmal als Ergebnis der "besten Bahn" bzw. der "schlechtesten Bahn" interpretiert. Dies ist nicht so. Die Werte werden aus der Gesamtheit aller Proben innerhalb der Werkstoffgruppe ermittelt.

Der Mittelwert der einzelnen Werkstoffgruppe steht jeweils im Vergleich zum Mittelwert aller 105 Proben.

Zu berücksichtigen ist jeweils die Anzahl der Proben bei den einzelnen Werkstoffgruppen. Je höher die Anzahl der Proben, desto aussagekräftiger sind die dargestellten Ergebnisse.

Les tableaux s'accompagnent d'évaluations (notes) positives et négatives pour matérialiser la marge de qualité dans laquelle se situe chaque catégorie. Cela permet de reconnaître ce qui est faisable au sein de chaque catégorie.
Par le passé, ces notes ont été interprétées comme signalant le "meilleur lé" ou le "plus mauvais". Or, ce n'est pas le cas: il s'agit en effet de valeurs moyennes, établies à partir de la totalité des échantillons.

La valeur moyenne de chaque catégorie de matériaux doit être considérée par rapport à la valeur moyenne de la totalité des 105 échantillons soumis aux tests.

Il faut donc tenir compte du nombre des échantillons représentant chaque catégorie. Plus ce nombre est élevé, plus les résultats affichés sont représentatifs.

1.1. Werkstoffgruppe ECB

Der Mittelwert der Werkstoffgruppe ECB mit 10 Proben liegt überwiegend oberhalb der Bewertung "befriedigend". Die negativen Werte bei Test 01 sind werkstoffbezogen. Bei Test 06 (Kältebruch) wird die enge Verwandschaft zur Werkstoffgruppe PYE deutlich (Darstellung 18) Aus der "qualitativen Bandbreite" ist jedoch zu entnehmen, dass innerhalb dieser Werkstoffgruppe das Kältebruchverhalten bei Neumaterial und nach Beanspruchung besser sein kann, als dies im Mittelwert zum Ausdruck kommt.

Beim künstlichen Alterungsverhalten (Test 05, Test 07 bis Test 11) liegt der ECB-Mittelwert zum Teil deutlich über dem Mittelwert aller Proben. Auf eine Insgesamt sehr gute Beurteilung bei Test 12 (Abwasserbelastung) ist hinzuweisen. Im Vergleich zu den Testergebnissen von ERNST (1992) ist der insgesamt positive Mittelwert unter anderem mit der konsequenten Optimierung des Grundstoffes und der mittigen Glasvlieseinlage in den Bahnen begründet.

Material group ECB

The mean value for ECB (10 test pieces) is predominantly positive. The negative values in test 01 are clearly caused by the material. In test 06 (low temperature folding), the close relationship with PYE materials is clear - see Figure 18. However, from the "range of quality", it can be seen that within this material group, cold fracture behaviour can be better, for new material and after loading, that is shown in the mean value.

Catégorie ECB

En moyenne, les résultats de la catégorie de matériaux ECB (10 échantillons) sont positifs. Les valeurs négatives enregistrées lors de l'essai 01 caractérisent très nettement la catégorie testée. L'essai 06 (formation de fissures à basse température) révèle une étroite parenté avec la catégorie PYE (cf. tableau 18). La "marge de qualité" montre toutefois qu'au sein de la catégorie en question, le comportement au froid du matériau, à l'état neuf et après sollicitation, peut être meilleur que celui qui s'exprime en valeur moyenne.

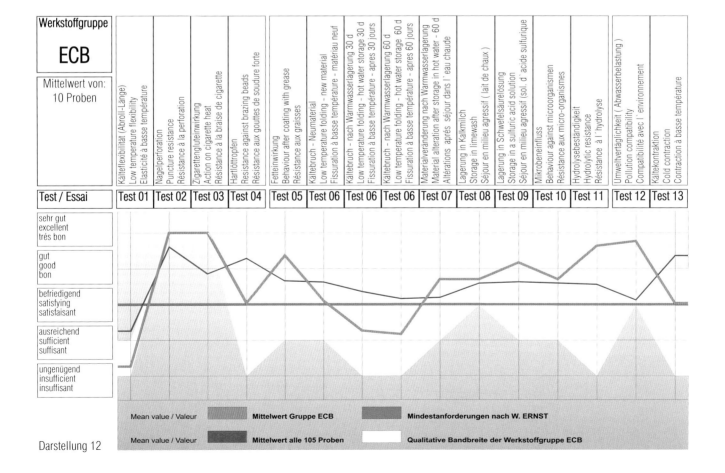

Darstellung 12

Material group EPDM / IIR

For this group of materials, It should be noted that two test pieces should be assigned to the thermoplastic elastomer group.

The mean value for all 13 test pieces is in the positive range. The only exceptions were with test 05 (behaviour after coating with grease) and test 12 (pollution compatibility). Once again it was found that much better values could be achieved within the material group.

Particular attention must be drawn to the generally good resistance under thermal loading: test 03 (cigarette embers) and test 04 (brazing beads) and low-temperature folding and hydrolytic resistance.

1.2. Werkstoffgruppe EPDM / IIR

Zu dieser Werkstoffgruppe ist anzumerken, dass zwei Proben den thermoplastischen Elastomeren zuzuordnen sind.

Der Mittelwert aller 13 Proben liegt im positiven Bereich. Ausnahmen sind bei Test 05 (Fettbeständigkeit) und Test 12 (Abwasserbelastung) festzustellen. Auch hier zeigt es sich, dass innerhalb der Werkstoffgruppe durchaus bessere Werte erreicht werden können.

Besonders hervorzuheben ist die insgesamt gute Widerstandsfähigkeit bei thermischer Beanspruchung Test 03 (Zigarettenglut) und Test 04 (Hartlöttroppfen), sowie das Kältebruchverhalten und die Hydrolysebeständigkeit.

Catégorie EPDM / IIR

Remarque: 2 échantillons de cette catégorie peuvent être classés parmi les élastomères thermoplastiques. Les valeurs moyennes enregistrées par les 13 échantillons se situent dans la tranche positive. Seules exceptions: l'essai 05 (résistance aux graisses) et l'essai 12 (compatibilité avec l'environnement). Ici encore, il apparaît qu'à l'intérieur de cette catégorie, de meilleurs résultats peuvent être atteints.

A souligner: la bonne résistance aux sollicitations thermiques (essai 03, braise de cigarette, et essai 04, gouttes de soudure forte) de même que le bon comportement au froid et à l'hydrolyse.

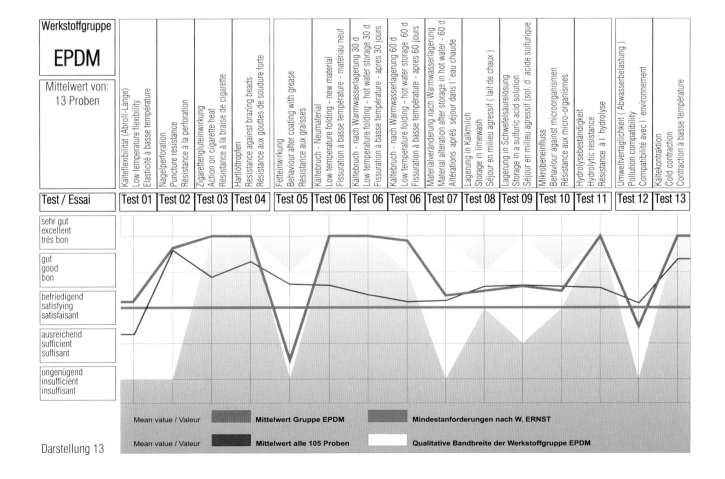

Darstellung 13

1.3. Werkstoffgruppe EVA

Die geringe Anzahl von 3 Proben und die werkstoffspezifischen Eigenschaften geben einen engen Rahmen vor in
dem sich der Mittelwert bewegt.

Sehr gute Ergebnisse wurden bei dem Test 04 (Hartlöttropfen), Test 05 (Fetteinwirkung) und Test 11 (Hydrolysebeständigkeit) erzielt. Das bei Neumaterial gute
Kältebruchverhalten hält bei 30 Tage Warmwasserlagerung noch an, nimmt danach jedoch ab. Die
Eigenschaftsveränderungen bei Test 07 sind werkstoffspezifisch.

Material group EVA

The low number of test pieces (3) and the material-speci-
fic features mean that the mean value remains within nar-
row limits.

Very good results were achieved in test 04 (brazing
beads), test 05 (effect of grease) and test 11 (hydrolytic
resistance). Low temperature folding, which is good
when the material is new, continues for 30 days of storage in warm water, but then declines.

Catégorie EVA

Le petit nombre d'échantillons testés (3) de même que
les propriétés caractérisques de cette catégorie de
matériaux constituent un cadre étroit, à l'intérieur duquel
se situe la valeur moyenne.

Les essais 04 (gouttes de soudure forte), 05 (graisses)
et 11 (hydrolyse) se soldent par d'excellents résultats.
Les résultats positifs enregistrés pour le comportement à
basse température du matériau à l'état neuf restent bons
après un séjour de 30 jours dans l'eau chaude mais se
dégradent ensuite.

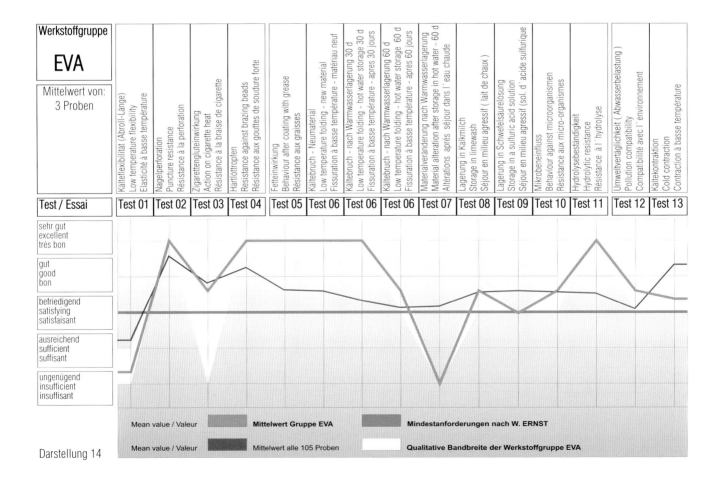

Darstellung 14

Liquid coatings

It should be noted for this material group that 4 test pieces only represent a small fraction of the products available on the market.

Couvertures liquides

Il faut tenir compte ici du fait que les 4 échantillons testés ne représentent qu'une minime partie des produits proposés sur le marché dans cette catégorie.

1.4. Flüssigbeschichtungen

Bei dieser Werkstoffgruppe ist zu berücksichtigen, dass mit 4 Proben nur ein geringer Teil der auf dem Markt angebotenen Produkte dargestellt wird.

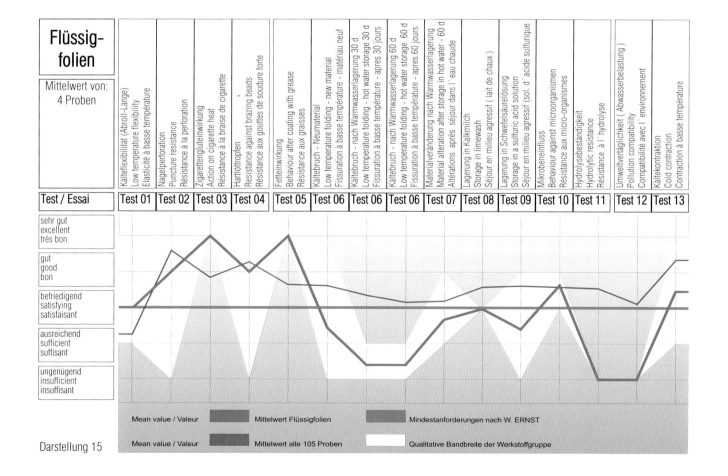

Darstellung 15

1.5. Werkstoffgruppe PVC

In dieser Gruppe mit 29 Proben wird die große Vielfältigkeit deutlich, die mit diesem Werkstoff möglich ist. Der Mittelwert aller Proben liegt bei Test 03 (Zigarettengluteinwirkung), bei Test 11 (Hydrolyse) und bei Test 12 (Abwasserbelastung) im negativen Bereich. Die "qualitative Bandbreite" zeigt jedoch auf, dass das Verhalten bei diesen Tests besser sein kann, als dies im Mittelwert zum Ausdruck kommt.

Die große Vielfältigkeit in dieser Werkstoffgruppe wird in den nachfolgenden Einzelbewertungen nochmals verdeutlicht.

Material group PVC

This group of 29 test pieces shows clearly the wide range of characteristics that is possible with this material. The mean for all the test pieces was in the negative range for test 03 (cigarette embers), test 11 (hydrolysis) and test 12 (pollution compatibility). The "range of quality", however, shows that the results for these tests can be better than is reflected in the mean value.

The diversity of this material group is shown clearly in the following individual assessments.

Catégorie PVC

Dans cette catégorie (29 échantillons) se reflète la grande diversité que permet ce matériau. La moyenne de tous les échantillons est inférieure à la note moyenne (se situe donc dans la zone négative) pour les essais 03 (braise de cigarette), 11 (hydrolyse) et 12 (compatibilité avec l'environnement). Mais la "marge de qualité" révèle que le comportement au cours de ces essais peut être meilleur que ne le suggère la valeur moyenne.

La grande variété qu'offre cette catégorie se reflète dans les résultats isolés tels qu'ils sont consignés ci-dessous.

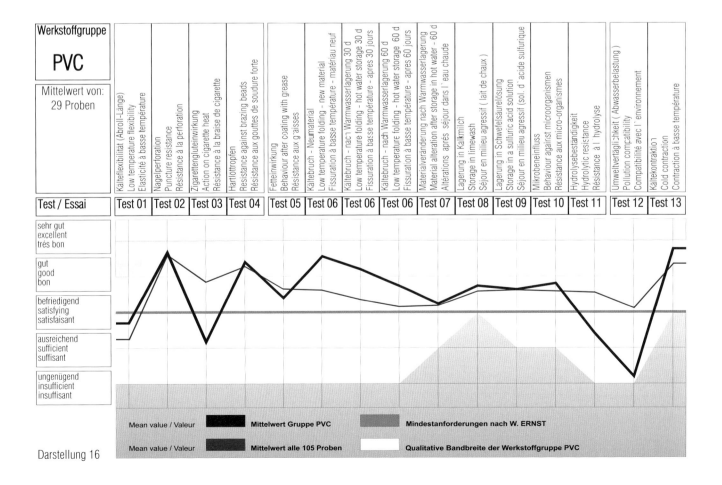

Darstellung 16

Material group TPO

This "new" group of materials is well represented, with 16 test pieces.
The mean value and the range of quality show clearly the positive results typical of this material in test 06 (low temperature folding). In all the other tests, there is a huge diversity of characteristics, which is confirmed in the individual assessments.

Catégorie TPO

Avec 16 échantillons, cette catégorie "nouvelle" de matériaux est bien représentée.

La valeur moyenne de même que la marge de qualité révèlent très nettement les propriétés positives typiques de ce matériau en ce qui concerne l'essai 06 (résistance au froid). Pour tous les autres essais, on peut constater une grande diversité, phénomène que confirment les résultats isolés.

1.6. Werkstoffgruppe TPO

Mit insgesamt 16 Proben ist diese "neue" Werkstoffgruppe gut vertreten.

Der Mittelwert, wie auch die qualitative Bandbreite zeigen deutlich die für diesen Werkstoff materialtypischen und positiven Eigenschaften bei Test 06 (Kältebruch). Bei allen anderen Tests ist eine große Eigenschaftsvielfalt festzustellen, die sich bei den Einzelbewertungen bestätigen.

Aus der qualitativen Bandbreite sind die machbaren Möglichkeiten bei dieser Werkstoffgruppe zu entnehmen. Der Stand der Entwicklung ist herstellerbezogen unterschiedlich.

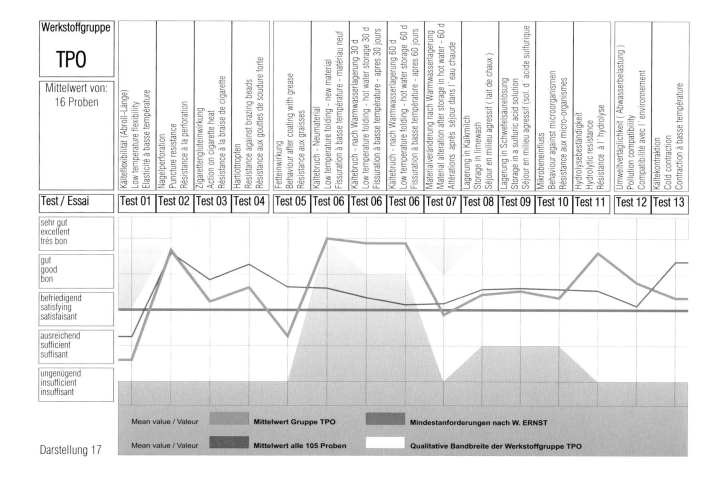

Darstellung 17

1.7. Werkstoffgruppe PYE

Aus der mittleren Dicke von 4,8 mm resultieren besonders gute Ergebnisse bei den Tests 02, 03 und 04 (Widerstandsfähigkeit gegen mechanische und thermische Beanspruchung).

Das negative Kältebruchverhalten im Vergleich zu den anderen Werkstoffgruppen ist materialtypisch und deshalb entsprechend zu interpretieren.Die qualitative Bandbreite zeigt jedoch, dass durchaus bessere Werte erzielt werden können, als im Mittelwert dargestellt sind. Einzelergebnisse bei Test 07 bis Test 12 zeigen die Vielfältigkeit in dieser Werkstoffgruppe. Insgesamt liegt der Mittelwert bei diesen Tests jedoch im Bereich des Mittelwertes aller Proben.

Material group PYE

The mean thickness of 4.8 mm gives particularly good results for tests 02, 03 and 04 (resistance to mechanical and thermal loading).

The negative low temperature folding in comparison with other groups of material is typical of the material and should therefore be interpreted accordingly. However, the range of quality shows that much better values can be achieved than is reflected in the mean value. The results of test 07 to test 12 show the diversity of this material group.

Catégorie PYE

Une épaisseur moyenne de 4,8 mm se solde par des résultats particulièrement bons dans les essais 02, 03 et 04 (résistance aux sollicitations mécaniques et thermiques).

Le comportement pour ce qui est de la fissuration à basse température - négatif si on le compare aux autres catégories de matériaux - est typique de ce dernier. La marge de qualité révèle toutefois qu'il est possible d'obtenir des résultats supérieurs à ceux qui s'expriment dans la moyenne. Les résultats des essais 07 à 12 révèlent la grande diversité au sein de cette catégorie.

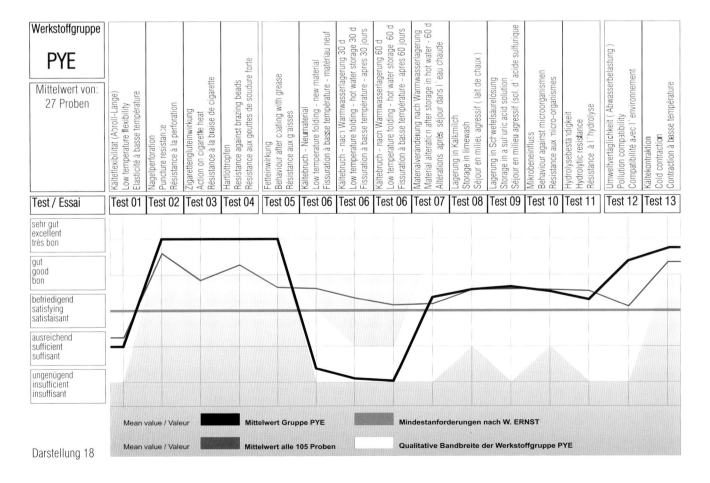

Darstellung 18

Comparisons
Bitumen - Plastic

The following diagram compares the mean values of 78 "plastic roofing sheets" with 27 bituminized sheets. In interpreting these figures, it should also be borne in mind that the mean for bituminized sheets is 4.8 mm, compared with (only) 1,8 mm for all plastic and rubber sheets and liquid coatings as a whole.

In tests 07 to 11, the mean results are relatively close together. In tests 02 to 05, they deviate in favour of "bituminized sheets" and in favour of "plastic" in test 06.

Comparaisons
Bitumes - matières plastiques synthétiques.

Le tableau ci-dessous confronte les résultats moyens obtenus par 78 "lés en matière synthétique" et 27 lés bitumineux. L'interprétation de ces résultats doit tenir compte, entre autres, du fait que la moyenne est de 4,8 mm pour les lés bitumineux et de seulement 1,8 mm pour tous les lés en synthétique, en caoutchouc et en plastique synthétique liquide.

Pour les essais 07 à 11, les valeurs moyennes sont relativement proches. Elles divergent en faveur du bitume (essais 02 à 06) et en faveur du "plastique" pour l'essai 06.

2. Vergleiche

2.1. Bitumen - Kunststoff

In Darstellung 19 werden die Mittelwerte von 78 "Kunststoffbahnen" mit 27 "Bitumenbahnen" gegenübergestellt. Bei einer Interpretation ist unter anderem auch zu berücksichtigen, dass der Mittelwert bei den Bitumenbahnen **4,8 mm** beträgt und bei allen Kunststoff-, und Kautschukbahnen sowie Flüssigkunststoffen insgesamt nur ca. **1,8 mm**, also weniger als die Hälfte der Dicke.

Die Mittelwerte liegen bei den Tests 07 bis 11 relativ eng beisammen. Sie weichen bei den Tests 02 bis 05 zugunsten von "Bitumen" und bei Test 06 zugunsten von "Kunststoff" voneinander ab.

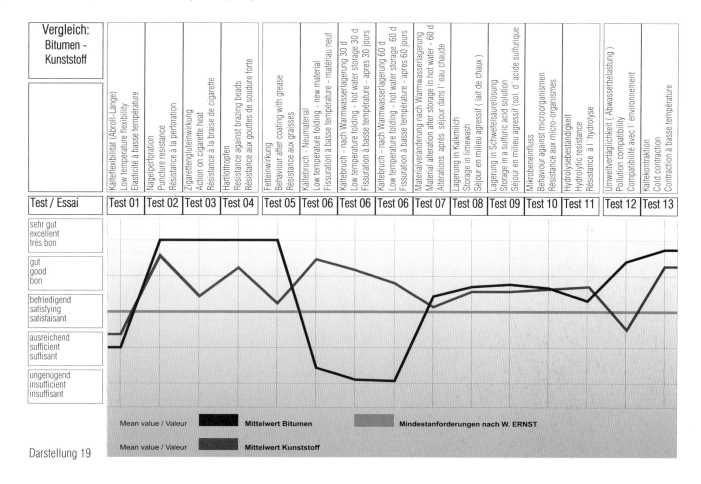

Darstellung 19

2.2. ECB - TPO

Aus der aktuellen Marktsituation und der damit zusam-
menhängenden Diskussion mit ökologischen Aspekten
ergab sich eine Gegenüberstellung der Mittelwerte der
Werkstoffgruppen ECB und TPO.

Eine Interpretation des "Wechselspiels" der Mittelwerte,
die sich zwischen der Bewertung "ausreichend" und
"sehr gut" bewegen, bleibt dem Leser überlassen.

Comparisons
ECB - TOP

Because of the current market situation and the related
discussion about ecological aspects, the mean values
for ECB and TOP were compared.

Readers may interpret the "relationship" between the
values for themselves.

Comparaisons
ECB-TPO

La situation actuelle sur le marché et les discussions qui
en résultent, y compris les considérations écologiques,
exigeaient une confrontation entre les catégories ECB et
TPO.

On remarque que les résultats moyens se "recroisent".
Le lecteur est libre d'interpréter à sa guise ces effets
croisés!.

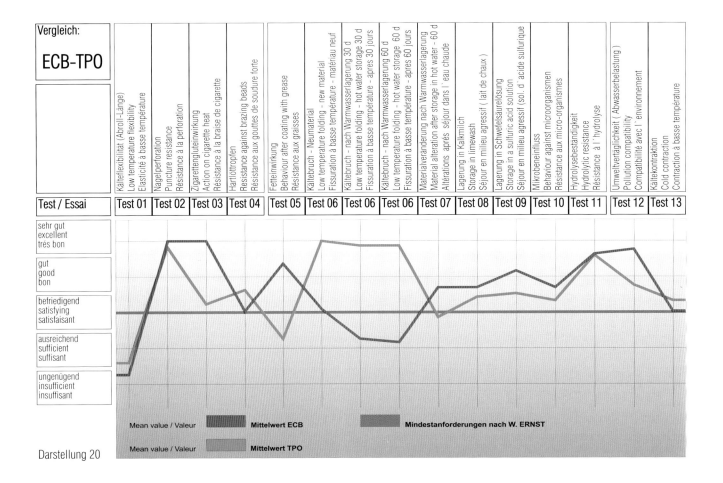

Darstellung 20

2.3. Materialdicken

Die Diskussion über dünne Bahnen flammt aus Kostengründen immer wieder auf, besonders bei den Werkstoffen aus PVC und TPO, da dort die Dickenunterschiede im Vergleich zu den anderen Werkstoffgruppen vielfältig und relativ groß sind. Aus diesem Grund werden nachfolgend die Eigenschaftsunterschiede vergleichend dargestellt.

Material thicknesses

The discussion about thin roofing sheets continues to flare up (because of the cost), particularly for PVC and TOP, since, in comparison with other groups of materials, there are many different thicknesses for these materials and the differences are relatively large. For this reason, the following compares the differences in characteristics.

Épaisseur du matériau

Les lés minces n'ont pas fini de faire parler d'eux (pour des raisons de coûts), en particulier pour les PVC et TPO car, comparés aux autres catégories, ces deux matériaux présentent des différences d'épaisseur relativement importantes. C'est pourquoi les différences de propriétés en fonction de l'épaisseur sont exposées et comparées ci-dessous.

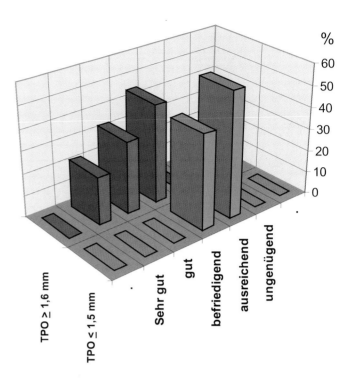

Darstellung 22:
Vergleich / Comparison / Comparaison
TPO ≤ 1,5 mm / ≥ 1,6 mm

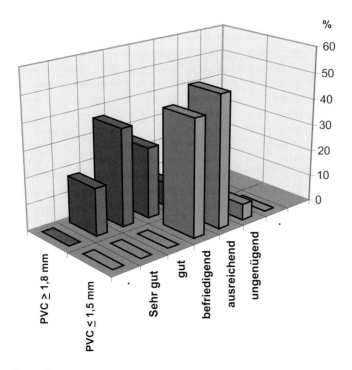

Darstellung 21:
Vergleich / Comparison / Comparaison
PVC ≤ 1,5 mm / ≥ 1,8 mm

2.3.1. PVC ≤1,5 mm / ≥ 1,8 mm

Die Darstellung 21 zeigt den Unterschied zwischen dünneren und dickeren PVC-Bahnen deutlich auf. Die Bahnen mit einer Dicke von ≤ 1,5 mm können dem befriedigenden (44 %) über ausreichenden (50 %) bis zum ungenügenden (6 %) Qualitätsbereich zugeordnet werden.

Die Bahnen mit einer Dicke von ≥ 1,8 mm liegen hauptsächlich im sehr guten (18%), guten (37 %) und befriedigenden (27 %) Qualitätsbereich.

2.3.2. TPO ≤1,5 mm / ≥ 1,6 mm

Die Darstellung 22 zeigt ebenfalls den Unterschied zwischen dünneren und dickeren TPO-Bahnen deutlich auf. Die Bahnen mit einer Dicke von ≤ 1,5 mm können eindeutig dem befriedigenden (43 %) bis ausreichenden (57 %) Qualitätsbereich zugeordnet werden.

Die Bahnen mit einer Dicke von ≥ 1,6 mm liegen hauptsächlich im sehr guten (22%), guten (33 %) und befriedigenden (45 %) Qualitätsbereich.

Proben-nummer	Werk-stoff	Dicke gesamt	Bewertung	Valuation	Évaluation
Werkstoffgruppe ECB (*) Tiefbau- / Deponiebahn					
A 2/01	ECB	2,0	befriedigend	satisfying	satisfaisant
A 2/02	ECB	2,0 / 3,0	befriedigend	satisfying	satisfaisant
A 2/03	ECB	2,0	gut	good	bon
A 2/04	ECB	2,0	sehr gut	excellent	très bon
A 2/05	ECB	2,0	ausreichend	sufficient	suffisant
A 2/06	ECB	2,5	gut	good	bon
A 2/07	ECB	2,0	befriedigend	satisfying	satisfaisant
A 2/08	ECB	2,0	befriedigend	satisfying	satisfaisant
A 2/09	ECB	2,0	ausreichend	sufficient	suffisant
A 2/10	ECB *	2,6	ausreichend	sufficient	suffisant
Werkstoffgruppe EPDM / IIR (*) thermoplastisches Elastomer					
B 3/01	EPDM*	1,2 / 2,2	gut	good	bon
B 3/02	EPDM*	1,5 / 2,5	sehr gut	excellent	très bon
B 3/03	EPDM	1,5	sehr gut	excellent	très bon
B 3/04	EPDM	1,5 / 2,5	befriedigend	satisfying	satisfaisant
B 3/05	EPDM	1,5 / 2,5	befriedigend	satisfying	satisfaisant
B 3/06	EPDM	1,2	gut	good	bon
B 3/07	EPDM	1,3 / 1,5	befriedigend	satisfying	satisfaisant
B 3/08	EPDM	1,3	gut	good	bon
B 3/09	EPDM	1,3 / 2,3	gut	good	bon
B 3/12	EPDM	1,0	gut	good	bon
B 3/13	EPDM	1,2	gut	good	bon
B 3/14	EPDM	1,5	gut	good	bon
B 6/01	IIR	1,5	befriedigend	satisfying	satisfaisant
Werkstoffgruppe EVA					
C 4/01	EVA	1,2 / 2,2	gut	good	bon
C 4/02	EVA	1,5 / 2,5	gut	good	bon
C 4/03	EVA	1,2 / 2,2	befriedigend	satisfying	satisfaisant
Sonstige;: PEC, PIB, LLD-PE					
D 7/01	PEC	1,5	gut	good	bon
D 9/01	PIB	1,5 / 2,5	gut	good	bon
D 2/11	LLD-PE	2,0	befriedigend	satisfying	satisfaisant
Flüssigkunststoffe					
E 8/01	UP	~2,5	ungenügend	insufficient	insuffisant
E 8/02	UP	~2,5	ungenügend	insufficient	insuffisant
E 8/03	PUR	~2,0	ausreichend	sufficient	suffisant
E 8/04	Acryl	~1,2	ungenügend	insufficient	insuffisant
Werkstoffgruppe TPO					
F 14/02	TPO	1,8	sehr gut	excellent	très bon
F 14/03	TPO	1,6	sehr gut	excellent	très bon
F 14/04	TPO	2,0	gut	good	bon
F 14/05	TPO	2,0	befriedigend	satisfying	satisfaisant
F 14/06	TPO	2,0	befriedigend	satisfying	satisfaisant
F 14/07	TPO	2,0	gut	good	bon
F 14/08	TPO	1,5	befriedigend	satisfying	satisfaisant
F 14/09	TPO	1,5	ausreichend	sufficient	suffisant
F 14/10	TPO	1,8	befriedigend	satisfying	satisfaisant
F 14/11	TPO	1,5	befriedigend	satisfying	satisfaisant
F 14/12	TPO	1,2	befriedigend	satisfying	satisfaisant
F 14/13	TPO	2,5	gut	good	bon
F 14/14	TPO	2,0	befriedigend	satisfying	satisfaisant
F 14/15	TPO	1,5	ausreichend	sufficient	suffisant
F 14/16	TPO	1,5	ausreichend	sufficient	suffisant
F 14/17	TPO	1,2	ausreichend	sufficient	suffisant

Tabelle 10:
Bewertung der Proben

Rechts: Fortsetzung Tabelle 10.

3. Bewertungen

3.1. BEWERTUNG DER PROBEN

Alle Proben wurden über ein Punktesystem einzeln bewertet. Die höchste Punktezahl wurde für folgende Eigenschaften vergeben:

> Test 01: maximale Abrolllänge
> Test 02: dicht
> Test 03: dicht
> Test 04: dicht
> Test 05: plan
> Test 06: Kältebruch bei - 30° C
> Test 07: keine Eigenschaftsveränderung
> Test 08: im Vergleich zum Neumaterial
> Test 09:   "
> Test 10:   "
> Test 11:   "
> Test 12: > 18 Stunden
> Test 13: < 100 kg / m

Die Bewertung berücksichtigt **alle Testergebnisse**, das heißt es wurden die ausführungsrelevanten Daten, künstliches Alterungsverhalten, biologisch und chemische Beanspruchungen, sowie die beiden neuen Tests in **einer Gesamtnote** zusammengefasst. Die Einzelergebnisse zeigen einerseits die enorme Eigenschaftsvielfalt innerhalb der einzelnen Werkstoffgruppen. Sie zeigen jedoch auch andererseits, dass es nahezu bei allen Werkstoffgruppen möglich ist, hervorragende Produkte herzustellen.

Die Bahnen die alle Tests ohne wesentliche Veränderung der Materialeigenschaften bestanden haben, erhielten die beste Bewertung. Setzt man die von ERNST (1992) definierten Mindestanforderungen mit der Bewertung "befriedigend" gleich, so lässt dies folgenden Schluss zu:

Bei den Bahnen, die alle Mindestanforderungen deutlich erfüllen, ist zu erwarten, dass sich der Alterungsprozess so in Grenzen hält, dass eine dauerhafte Funktionsfähigkeit gewährleistet ist.

Es bleibt dem Einzelnen vorbehalten, die Bewertungen jeweils nach den projektspezifischen Anforderungen zu gewichten, hierbei sollte jedoch stets eine Gesamtbeurteilung im Vordergrund stehen und keinesfalls nur der Vergleich einzelner Werte.

Proben-nummer	Werk-stoff	Dicke gesamt	Bewertung	Valuation	Évaluation
Werkstoffgruppe PVC					
G 10/01	PVC	1,2	befriedigend	satisfying	satisfaisant
G 10/02	PVC	1,5	ausreichend	sufficient	suffisant
G 10/03	PVC	1,5	ausreichend	sufficient	suffisant
G 10/04	PVC	1,5	befriedigend	satisfying	satisfaisant
G 10/05	PVC	1,2	ausreichend	sufficient	suffisant
G 10/06	PVC	1,5	ausreichend	sufficient	suffisant
G 10/07	PVC	1,2	befriedigend	satisfying	satisfaisant
G 10/08	PVC	1,5	ausreichend	sufficient	suffisant
G 10/09	PVC	2,0	gut	good	bon
G 10/10	PVC	1,8	gut	good	bon
G 10/11	PVC	1,5	befriedigend	satisfying	satisfaisant
G 10/12	PVC	1,5	befriedigend	satisfying	satisfaisant
G 10/13	PVC	2,4	sehr gut	excellent	très bon
G 10/14	PVC	2,4	gut	good	bon
G 10/15	PVC	1,5	befriedigend	satisfying	satisfaisant
G 10/16	PVC	2,0	gut	good	bon
G 10/17	PVC	1,5	ausreichend	sufficient	suffisant
G 10/18	PVC	1,5	ausreichend	sufficient	suffisant
G 10/19	PVC	1,2	befriedigend	satisfying	satisfaisant
G 10/20	PVC	2,4 / 3,4	befriedigend	satisfying	satisfaisant
G 10/21	PVC	1,8 / 2,8	befriedigend	satisfying	satisfaisant
G 10/22	PVC	2,0	ungenügend	insufficient	insuffisant
G 10/23	PVC	2,0	ausreichend	sufficient	suffisant
G 10/25	PVC	1,5	ausreichend	sufficient	suffisant
G 10/26	PVC	1,8	befriedigend	satisfying	satisfaisant
G 10/27	PVC	2,4	sehr gut	excellent	très bon
G 10/28	PVC	1,5	ungenügend	insufficient	insuffisant
G 10/29	PVC	1,5	befriedigend	satisfying	satisfaisant
G 10/30	PVC	1,2	ausreichend	sufficient	suffisant
Werkstoffgruppe PYE					
H 11/01	PYE-DIN	~5,0	ausreichend	sufficient	suffisant
H 11/02	PYE-WS	~5,0	befriedigend	satisfying	satisfaisant
H 11/03	PYE-Top	~3,5	ausreichend	sufficient	suffisant
H 11/04	PYE-DIN	~5,0	befriedigend	satisfying	satisfaisant
H 11/05	PYE-Top	~4,0	ausreichend	sufficient	suffisant
H 11/06	PYE-WS	~4,5	ungenügend	insufficient	insuffisant
H 11/07	PYE-DIN	~5,2	befriedigend	satisfying	satisfaisant
H 11/08	PYE-DIN	~5,0	gut	good	bon
H 11/09	PYE-DIN	~4,0	ausreichend	sufficient	suffisant
H 11/10	PYE-Top	~5,0	befriedigend	satisfying	satisfaisant
H 11/11	PYE-DIN	~5,0	befriedigend	satisfying	satisfaisant
H 11/12	PYE-WS	~5,0	ausreichend	sufficient	suffisant
H 11/13	PYE-WS	~5,0	ungenügend	insufficient	insuffisant
H 11/14	PYE-WS	~5,0	befriedigend	satisfying	satisfaisant
H 11/15	PYE-DIN	~5,0	ausreichend	sufficient	suffisant
H 11/16	PYE-Top	~5,0	befriedigend	satisfying	satisfaisant
H 11/20	PYE-Top	~4,0	befriedigend	satisfying	satisfaisant
H 11/21	PYE-Top	~5,2	befriedigend	satisfying	satisfaisant
H 11/22	PYE-Top	~5,4	befriedigend	satisfying	satisfaisant
H 11/23	PYE-WS	~5,0	ausreichend	sufficient	suffisant
H 11/24	PYE-DIN	~5,0	ungenügend	insufficient	insuffisant
H 11/25	PYE-Top	~5,0	gut *	good *	bon *
H 11/26	PYE-DIN	~5,0	befriedigend	satisfying	satisfaisant
H 11/27	PYE-Top	~4,2	ausreichend	sufficient	suffisant
H 11/28	PYE-Top	~5,2	ausreichend	sufficient	suffisant
H 11/29	PYE-WS	~5,0	befriedigend	satisfying	satisfaisant
H 11/30	PYE-Top	~4,7	befriedigend	satisfying	satisfaisant

Assessment of the individual test pieces

All test pieces were assessed individually using a points system. The highest number of points was given for the following characteristics:

test 01:   maximum roll-out length
test 02:   not perforated
test 03:   not perforated
test 04:   not perforated
test 05:   flat
test 06:   cold fracture at -30°C
test 07:   no change in characteristics
test 08:   in comparison with new material
test 09:   "   "
test 10:   "   "
test 11:   "   "
test 12:   > 18 hours
test 13:   < 100 kg /m

The assessment takes all test results into consideration, i.e. the data relating to design, artificial ageing, biological and chemical stress and the two new tests were combined to give one rating. The individual results, on the one hand, show the enormous diversity of characteristics within the individual groups of materials. On the other hand, they also show that it is possible to manufacture outstanding products from almost all material groups.
It is left up to the individual to weight the assessments accordingly.

The roofing sheets that did best in all tests without any appreciable change in material characteristics. And the better the assessment of the sheet, the better the ageing characteristics and long-term use.

Évaluation séparée des échantillons

Tous les échantillons ont été notés un à un selon un système de points. Le maximum de points a été décerné pour les qualités suivantes:

essai 01:   déroulement maximum
essai 02:   pas de perforation
essai 03:   pas de perforation
essai 04:   pas de perforation
essai 05:   planéité
essai 06:   formation de fissures à -30o
essai 07:   pas de modification des propriétés
essai 08:   en comparaison avec l'état neuf
essai 09:   "
essai 10:   "
essai 11:   "
essai 12:   > 18 heures
essai 13:   < 100 kg/m

La notation tient compte de tous les résultats des essais, c'est-à-dire que toutes les données relatives au vieillissement artificiel, aux sollicitations biologiques et chimiques de même que les résultats des deux nouveaux essais se traduisent par une note globale. Les résultats isolés révèlent d'une part de très grandes différences de propriétés à l'intérieur d'une même catégorie. Ils montrent par ailleurs qu'il est possible d'obtenir d'excellents produits dans pratiquement toutes les catégories.

Seul l'usager est à même de pondérer les différents résultats en fonction de ses besoins propres.

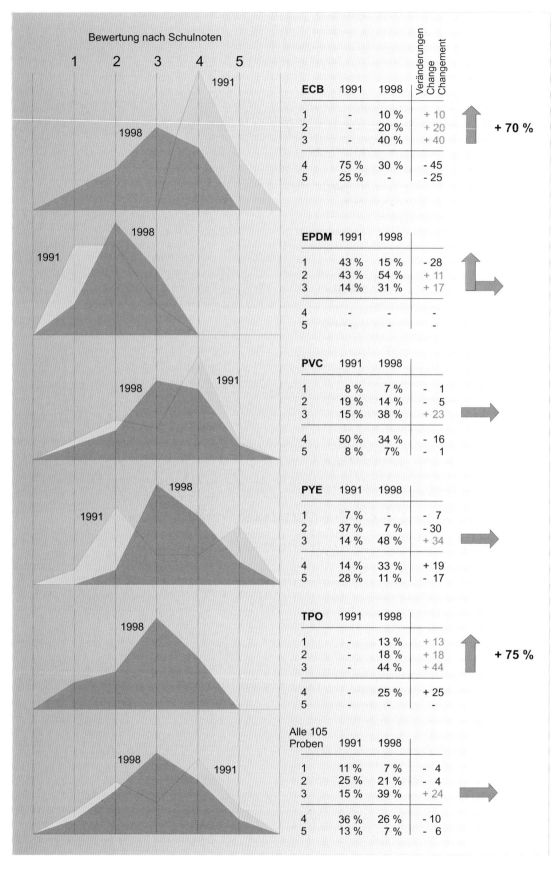

Bewertung nach Schulnoten

ECB	1991	1998	Veränderungen Change Changement
1	-	10 %	+ 10
2	-	20 %	+ 20
3	-	40 %	+ 40
4	75 %	30 %	- 45
5	25 %	-	- 25

+ 70 %

EPDM	1991	1998	
1	43 %	15 %	- 28
2	43 %	54 %	+ 11
3	14 %	31 %	+ 17
4	-	-	-
5	-	-	-

PVC	1991	1998	
1	8 %	7 %	- 1
2	19 %	14 %	- 5
3	15 %	38 %	+ 23
4	50 %	34 %	- 16
5	8 %	7%	- 1

PYE	1991	1998	
1	7 %	-	- 7
2	37 %	7 %	- 30
3	14 %	48 %	+ 34
4	14 %	33 %	+ 19
5	28 %	11 %	- 17

TPO	1991	1998	
1	-	13 %	+ 13
2	-	18 %	+ 18
3	-	44 %	+ 44
4	-	25 %	+ 25
5	-	-	-

+ 75 %

Alle 105 Proben	1991	1998	
1	11 %	7 %	- 4
2	25 %	21 %	- 4
3	15 %	39 %	+ 24
4	36 %	26 %	- 10
5	13 %	7 %	- 6

1 sehr gut
excellent
très bon

2 gut
good
bon

3 befriedigend
satisfying
satisfaisant

4 ausreichend
sufficient
suffisant

5 ungenügend
insufficient
insuffiant

Darstellung 30:
Tendenzen bei den wichtigsten Werkstoffgruppen, ermittelt anhand der Testergebnisse 1991 und 1998
Tendencies amongst the main material groups, determined on the basis of the test results for 1991 and 1998.
Tendances révélées par les plus importantes catégories de matériaux, sur la base des résultats des essais de 1991 et de 1998.

3.2. TENDENZEN / ENTWICKLUNGEN

Aus nebenstehender Grafik sind die Entwicklungen (1991 / 1998) aller Proben und der einzelnen Werkstoffgruppen noch einmal zusammenfassend dargestellt. Vergleicht man alle Proben, so ist insgesamt ein Trend zu Bahnen im **befriedigenden** Qualitätsbereich festzustellen. Dies wirkt sich mit einer Zunahme von 24 % bei allen Proben aus.

Betrachtet man die einzelnen Werkstoffgruppen, so wird dieser Trend bei PYE (+ 34%), bei PVC (+ 23 %) und bei EPDM (+ 17 %) mehr oder weniger bestätigt. Wobei sich die Werkstoffgruppe EPDM nach wie vor in einem insgesamt qualitativ hochwertigen Bereich bewegt.

Positiv aus dem allgemeinen Rahmen fallen die Werkstoffgruppen ECB mit einer Zunahme von +40 % und TPO mit +44 % im befriedigenden Bereich. Beide Werkstoffgruppen haben gleichfalls eine Zunahme im guten, wie auch sehr guten Bereich von insgesamt **+ 70 %** (ECB) bzw. **+ 75 %** (TPO) zu verzeichnen.

3.2.1. ECB und TPO

Bei der Werkstoffgruppe ECB ist eine überaus positive Entwicklung in den letzten Jahren festzustellen, wie aus den Prozentangaben zu entnehmen ist.

Nahezu vergleichbar ist die Entwicklung bei der Werkstoffgruppe TPO. Besonders hervorzuheben ist die Entwicklung der letzten Jahre bei dieser "neuen Werkstoffgruppe", die 1991 mit nur einer Bahn vertreten war. Bei den 1998 durchgeführten Tests wurden deshalb den Bedürfnissen des Marktes verstärkt Beachtung entgegengebracht.

3.2.2. BEMERKUNGEN

Die nebenstehenden Aussagen basieren **ausschließlich** auf der Auswertung der Testergebnisse und dem Vergleich der 1991 und 1998 getesteten Bahnen. Es sind Anhaltspunkte, die entsprechend zu interpretieren sind. Es bleibt jedem selbst überlassen daraus Schlussfolgerungen zu ziehen.

3.3. GESAMTBETRACHTUNG

Der Anteil von befriedigenden bis sehr guten Bahnen ist mit insgesamt 67 % erfreulich hoch und widerspiegelt das Qualitätsniveau am Europäischen Flachdachmarkt. Mit insgesamt 39 % befriedigend bewerteten Bahnen wird deutlich wo die Schwerpunkte liegen und zu welchen Konsequenzen der Preisverfall in den letzten Jahren geführt hat.

Mit einem Anteil von 28 % der guten bis sehr guten Bahnen wird bewiesen, dass eine Nachfrage besteht und einzelne Hersteller in der Lage sind, diese Nachfrage auch mit entsprechend guter bis sehr guter Materialqualität zu bedienen.

General view

At 67 %, the proportion of satisfactory to very good roofing sheets is reassuringly high, reflecting the high quality standards in the European flat roof market.

With 39 % of sheets rated as satisfactory, it is clear where the main focus lies and what the consequences of the drop in prices in recent years have been.

The figure of 28 % of sheets rated as good to very good shows that there is a demand and that individual manufacturers are in a position to meet this demand with appropriately high-quality materials.

7% of the sheets tested were rated as "very good". This following chapter will describe the characteristics of these sheets.

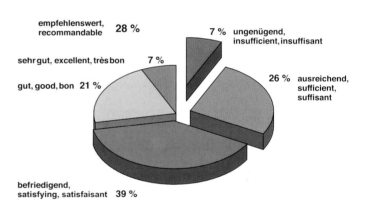

Darstellung 31:
Bewertung aller 105 Proben - siehe auch Umschlag

Considérations générales

Avec 67 %, le pourcentage des lés de qualité (note "assez bien", "bien", "très bien") est très satisfaisant. Il reflète l'excellent niveau des produits proposés sur le marché européen des toitures planes.

Les 39 % de lés présentant un résultat moyen (note "satisfaisant") montrent clairement où résident les problèmes et quelles sont les conséquences de la chute des prix de ces dernières années.

Le pourcentage de 28 % de lés présentant la note "bien" et "très bien" prouve que la demande correspondante existe et qu'il existe également des producteurs à même de satisfaire cette demande par des produits de qualité.

7% des lés testés ont obtenu la note "très bien". Les propriétés de ces derniers sont analysées dans le chapitre suivant.

4. Die besten Bahnen

4.1. Werkstoffgruppe ECB

Die mit "sehr gut" bewertete Bahn (Probe Nr. 2/04) in der
Werkstoffgruppe ECB zeigt, dass mit entsprechendem
"Know how" das für diese Werkstoffgruppe typische Verhalten beim Kältebruchverhalten verbessert werden
kann.

Das ungünstige Verhalten der Bahn bei Test 01 (Kälteflexibilität) und Test 04 (Hartlöttropfen) wird durch die
insgesamt sehr guten Materialeigenschaften kompen-
siert. Die Bahn liegt von Test 05 bis Test 13 deutlich über
dem Mittelwert aller ECB Bahnen und beweist damit die
machbaren Möglichkeiten innerhalb der Werkstoffgruppe

The best roofing sheets: group ECB

The roofing sheet rated as "very good" (test piece no.
2/04) in fabric group ECG shows that the low temperature folding problem that is typical of this material group
can be solved with the right expertise.

The less favourable behaviour of the strip in test 01 (low
temperature flexibility) and test 04 (brazing beads) is
compensated by the generally very good material characteristics. In tests 05 to test 13, this sheet is well above
the mean value, thus demonstrating the realistic opportu-
nities offered by material group ECB.

Les meilleurs lés: catégorie ECB

Le lé bénéficiant de la note "très bien" (échantillon 2/04)
dans la catégorie ECB montre qu'un savoir-faire adéquat
permet de résoudre le problème (fissuration) du comportement au froid typique de cette catégorie.

Les mauvais résultats de ce lé à l'essai 01 (élasticité à
basse température) et à l'essai 04 (gouttes de soudure
forte) sont compensés par les autres qualités, qui sont
très bonnes. Aux essais compris entre 05 et13, le lé se
révèle nettement supérieur à la moyenne et démontre
ainsi ce qu'il est possible de réaliser au sein de la catégorie ECB.

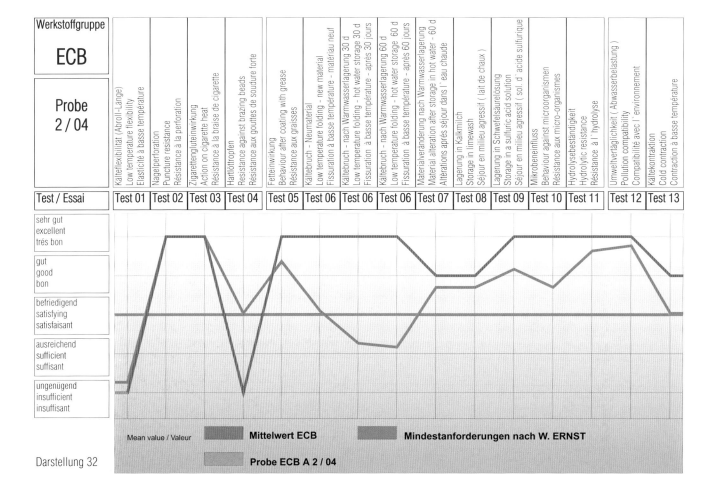

Darstellung 32

The best roofing sheets: group EPDM / IIR

2 roofing sheets were rated as "very good" in this material group. Sheet 3/02 is classified as a thermoplastic elastomer. Sheet 3/03 is a rubber roofing sheet (elastomer).

Both sheets are above the mean value for the material group. In test 05 (effects of grease) and test 12 (pollution compatibility), the advantages of the thermoplastic elastomer are clear, whilst the elastomer sheet is clearly superior in test 01 (low temperature flexibility) and test 7 (material behaviour after storage in hot water).

Les meilleurs lés: catégorie EPDM / IIR

Dans cette catégorie, 2 lés méritent la note "très bien". Le lé 3/02 peut être classé parmi les élastomères thermoplastiques. Le lé 3/03 est en caoutchouc (élastomère).

Les résultats de ces deux lés se situent au-dessus de la moyenne de cette catégorie. Les avantages des élastomères thermoplastiques apparaissent nettement dans l'essai 05 (résistance aux graisses) et l'essai 12 (compatibilité avec l'environnement) alors que le lé élastomère l'emporte dans l'essai 01 (élasticité à basse température) et l'essai 07 (comportement après séjour dans l'eau chaude).

4.2. Werkstoffgruppe EPDM / IIR

In dieser Werkstoffgruppe wurden 2 Bahnen mit "sehr gut" bewertet.Die Bahn 3/02 ist den thermoplastischen Elastomeren zuzuordnen. Die Bahn 3/03 ist eine "reine" Kautschukbahn (Elastomer).

Beide Bahnen liegen über dem Mittelwert der Werkstoffgruppe. Bei Test 05 (Fetteinwirkung) und Test 12 (Umweltverträglichkeit) werden die Vorteile des thermoplastischen Elastomers deutlich, während bei Test 01 (Kälteflexibilität) und Test 7 (Materialverhalten nach Warmwasserlagerung) die Vorteile eindeutig bei der Elastomerbahn liegen.

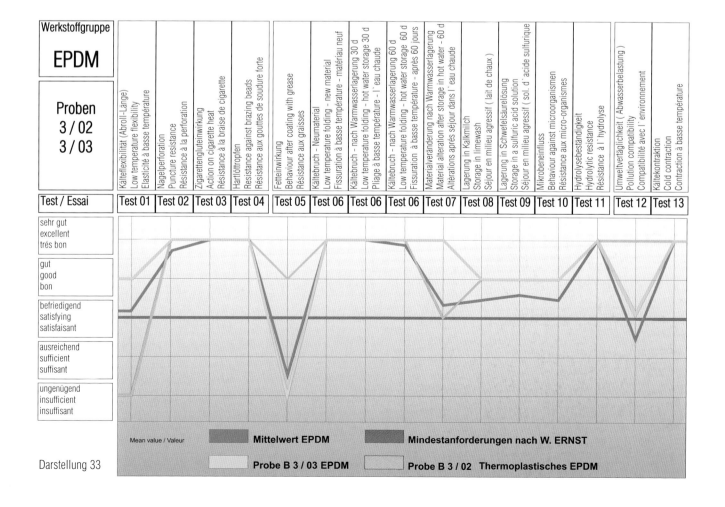

Darstellung 33

4.3. Werkstoffgruppe PVC

Wie auch 1991 (ERNST, 1992) haben in dieser Werkstoffgruppe die dickeren Bahnen am besten abgeschnitten. Mit "sehr gut" bewertet wurden zwei Bahnen mit 2,4 mm Dicke.

Die Bahn 10/13 liegt bei Test 05 (Fetteinwirkung) und Test 11 (Hydrolyse) unter dem Mittelwert, bei allen anderen Tests jedoch deutlich darüber.

Die Bahn 10/27 zeigt Schwachpunkte bei Test 01 (Kälteflexibilität), Test 07 (Materialverhalten nach Warmwasserlagerung) und Test 12 (Umweltverträglichkeit).

Besonders deutlich wird bei dieser Werkstoffgruppe, dass die dickeren Bahnen auch die besseren Bahnen sind.

The best roofing sheets: group PVC

As in 1991, the thicker roofing sheets did best in this materials group. Two sheets that were 2.4 mm thick were rated as "very good".

Sheet 10/13 was below the mean in test 05 (effects of grease) and test 11 (hydrolysis), although it was well above the mean value in all the other tests.

Sheet 10/27 was weaker in test 01 (low temperature flexibility), test 07 (material alteration after storage in hot water) and test 12 (pollution compatibility). It was above the average for the other tests, showing very good characteristics.

Les meilleurs lés: catégorie PVC

Comme l'avaient révélé les essais de 1991, ce sont les lés les plus épais qui l'emportent dans cette catégorie. Deux lés d'une épaisseur de 2,4 mm ont reçu la note "très bien".
Le lé 10/13 est au-dessous de la moyenne pour les essais 05 (résistance aux graisses) et 11 (hydrolyse)

mais se situe largement au-dessus pour tous les autres résultats.
Le lé 10/27 accuse des faiblesses dans l'essai 01 (élasticité au froid), l'essai 07 (comportement après séjour dans l'eau chaude) et l'essai 12 (compatibilité avec l'environnement). Toutefois, les très bons résultats dans les autres essais lui permettent de se situer globalement au-dessus de la moyenne.

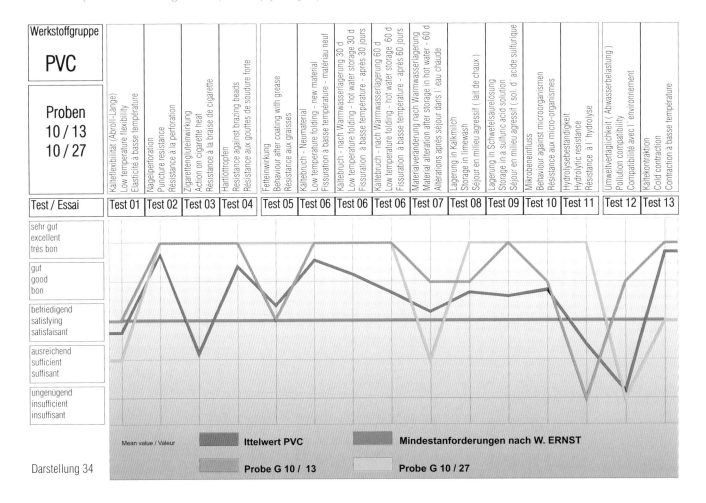

Darstellung 34

The best roofing sheets: group TPO

In this material group, two roofing sheets (14/02, 14/03) were rated as "very good". Both sheets were above the mean value for the group in all tests.

The slightly better material characteristics of sheet 14/03 were clear in test 05 (effect of grease) and test 07 (material alteration after storage in hot water).

Sheet 14/03 gained the highest number of points of the 105 sheets tested. The positive material characteristics are clear in this illustration.

Les meilleurs lés: catégorie TPO

Dans cette catégorie, deux lés (14/02 et 14/03) ont été notés "très bien". Ils se situent au-dessus de la moyenne de cette catégorie dans la totalité des essais.

Le lé 14/03 possède des qualités légèrement supérieu-

4.4. Werkstoffgruppe TPO

Zwei Bahnen (14/02, 14/03) haben in dieser Werkstoffgruppe die Bewertung "sehr gut" erhalten. Beide Bahnen liegen bei allen Tests über dem Mittelwert der Werkstoffgruppe.

Die etwas besseren Materialeigenschaften der Bahn 14/03 werden bei Test 05 (Fetteinwirkung) und Test 07 (Materialverhalten nach Warmwasserlagerung) deutlich.

Von allen 105 getesteten Bahnen erhielt die Bahn 14/03 die höchste Punktezahl. Die positiven Materialeigenschaften werden in dieser Darstellung deutlich.

Die beiden "Neuentwicklungen" zeigen, dass man mit jahrzehntelanger Materialerfahrung und fundiertem "Know-How" in der Entwicklung neuer Werkstoffe, exzellente Bahnen produzieren kann, die eine hohe Langzeitfunktionstüchtigkeit erwarten lassen.

res, qui apparaissent nettement dans l'essai 05 (résistance aux graisses) et l'essai 07 (comportement après séjour en eau chaude).

Sur les 105 lés testés, c'est ce dernier (14/03) qui a obtenu le plus grand nombre de points. Ses qualités apparaissent nettement sur le diagramme ci-dessous.

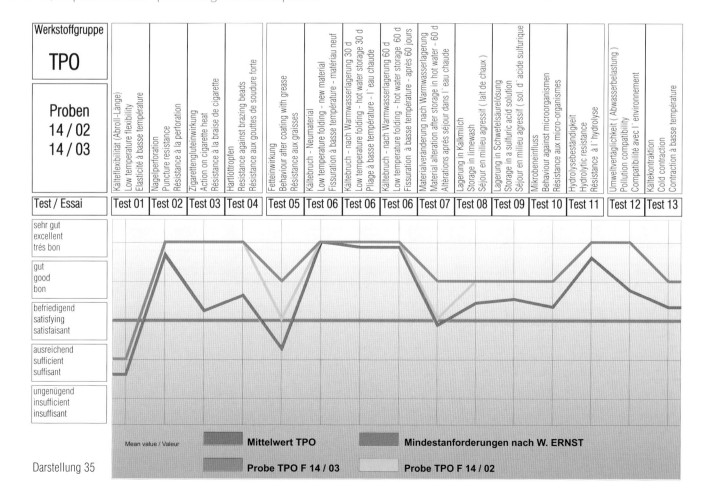

Darstellung 35

4.5. Werkstoffgruppe PYE

In der Werkstoffgruppe PYE sind die Bewertungen werkstoffgerecht zu interpretieren.

Mit "gut* " bewertet wurde eine Bahn, die sich durch
positive Materialeigenschaften (Test 07 bis Test 13) deutlich vom Mittelwert der Werkstoffgruppe absetzt, wie die
Darstellung 36 zeigt.

Dass es sich um eine spezielle Bahn für die einlagige
Verlegung handelt, sei nur nebenbei erwähnt. Gleichfalls
wird der Forderung nach flammenloser Verarbeitung
Rechnung getragen, die in einigen nördlichen Ländern
aufgrund der Holzbauweise besteht.

The best roofing sheets: group PYE

The ratings for PYE should be interpreted in the light of
the particular material.

A sheet that was clearly above the mean value for the
material group because of its positive material characteristics (test 07 to test 13) was rated as "good*".

Les meilleurs lés: catégorie PYE

Dans cette catégorie, il est nécessaire d'interpréter les
résultats en fonction du matériau.

La note "bien" a été attribuée à un lé qui se démarque
nettement de la moyenne de cette catégorie par un bon
comportement dans les essais allant de 07 à 13.

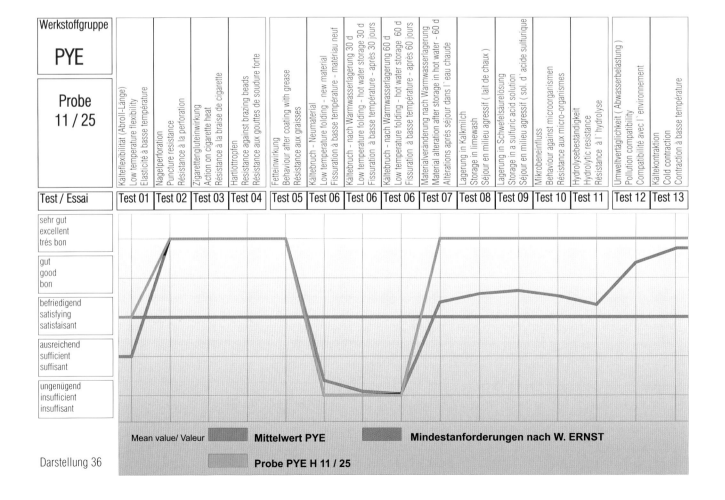

Darstellung 36

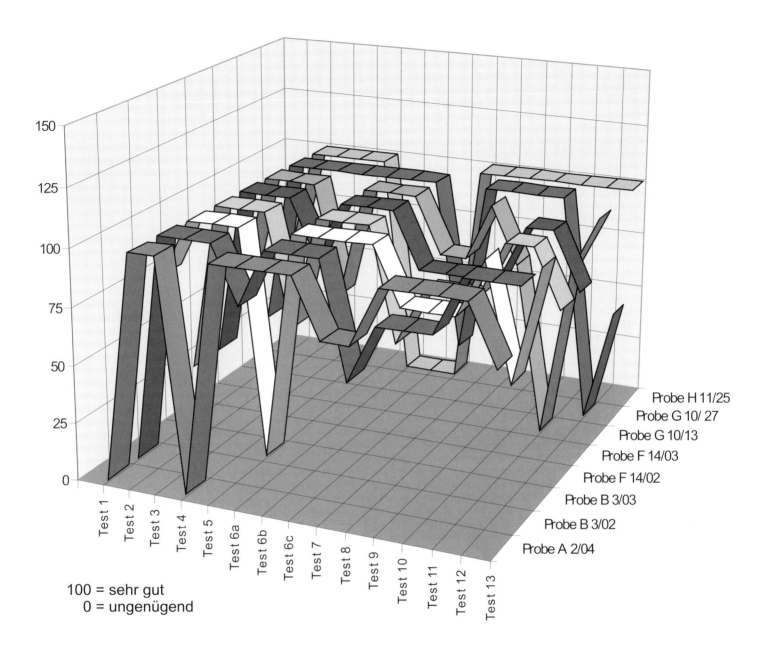

150
125
100
75
50
25
0

100 = sehr gut
0 = ungenügend

Test 1
Test 2
Test 3
Test 4
Test 5
Test 6a
Test 6b
Test 6c
Test 7
Test 8
Test 9
Test 10
Test 11
Test 12
Test 13

Probe H 11/25
Probe G 10/ 27
Probe G 10/13
Probe F 14/03
Probe F 14/02
Probe B 3/03
Probe B 3/02
Probe A 2/04

A direct comparison shows that there is no "best of all possible sheets". Each roofing sheet has its strengths and weaknesses. At the end of the day, it is up to the person responsible to choose the most suitable roofing sheet for the purpose intended in order to achieve the best result for the particular project.

Une comparaison directe montre qu'il est impossible de donner à un lé le "prix d'excellence" absolu. En effet, chaque lé a ses points forts et ses points faibles.
Il en résulte que ce sont en fin de compte les usagers qui doivent choisir le lé convenable, compte tenu des caractéristiques de l'ouvrage envisagé et de son utilisation, pour obtenir le meilleur résultat spécifique.

Darstellung 37:

Aus dem direkten Vergleich ist zu ersehen, dass es keine "allerbeste Bahn" gibt. Jede Bahn hat ihre Schwächen und Stärken.

Es liegt letztendlich an dem Verantwortlichen, die jeweils geeignetste Bahn für den dafür vorgesehenen Einsatzzweck auszuwählen um das projektspezifisch beste Ergebnis zu erzielen.

IV. Anforderungsprofil

1. Einleitung

Bereits 1992 hat ERNST ein aus den praxisorientierten Tests resultierendes Anforderungsprofil vorgestellt, das für alle polymeren Abdichtungen gilt. Mit den in diesem Anforderungsprofil geforderten Werten lassen sich alle polymeren Abdichtungen vergleichen und die Langzeitfunktionstüchtigkeit ableiten, wie nachfolgend dargestellt wird. Die Anforderungen basieren auf Normprüfungen und sind über anerkannte Prüfinstitute oder Prüfinstitutionen, welche der ISO 9000 ff. entsprechen, vom Hersteller nachzuweisen.

2. Vergleich

Wie aus Darstellung 38 ersichtlich ist, sind die Mehrzahl der Prüfungen deckungsgleich mit denen der SIA V 280. Einzelne Prüfungen basieren auf der DIN 16 726, sowie der DIN 51 961. Dass einige Anforderungen strenger definiert sind, resultiert aus langjährigen Praxiserfahrungen und aus den Erkenntnissen der praxisorientierten Tests.

Um eine möglichst umfassende Beurteilung einer polymeren Abdichtung abgeben zu können wurde das bisherige Anforderungsprofil mit zwei weiteren Prüfungen ergänzt, die noch nicht in den Normen erfasst sind. Die Prüfanordnungen sind als Vorschlag in der Anlage definiert.

2.1. VERÄNDERUNGEN

Aus dem Anforderungsprofil von 1992 wurde der dort definierte Vorschlag für die KÜNSTLICHE BEWITTERUNG fast wörtlich in die SIA V 280 übernommen, so dass in der Fortschreibung des Anforderungsprofils auf die SIA Bezug genommen werden kann und eine gesonderte Beschreibung dieser Versuchsanordnung entfällt.

2.2. HYDROLYSE

Seit vielen Jahren findet man in der einschlägigen Fachliteratur den Hinweis auf Hydrolyse und Hydrolysebeständigkeit. Bis heute ist eine solche Prüfung noch nicht in den Normen berücksichtigt, obwohl dies aufgrund der Testergebnisse bei einigen Werkstoffgruppen dringend notwendig wäre (Test 11, Seite 38). Die Hydrolysebeständigkeit ist als Prüfung mit einem Vorschlag für die Versuchsanordnung seit 1992 im Anforderungsprofil aufgeführt. Welche Bedeutung diese Forderung hat, zeigen die Testergebnisse

2.3. FORTSCHREIBUNG

Das Anforderungsprofil wird aufgrund der aktuellen Diskussion mit ökologischen Aspekten und einer Vielzahl von ebenfalls aktuellen Schadensfällen mit zwei Prüfungen aktualisiert. Neu ist der "Fischtest" und die "Kältekontraktion". Beide Prüfungen sind noch nicht in den Normen erfasst, so dass Vorschläge für eine Versuchsanordnung definiert werden, nach denen einige Hersteller schon prüfen lassen.

Eine weitere Ergänzung ergibt sich bei der Frage nach der baustellengerechten Verarbeitung. Die Anforderungen hierfür sind in Kapitel V aufgeführt.

2.4. ANWENDUNG

Aus der Gesamtheit der nachgewiesenen Werte im Anforderungsprofil kann eine polymere Abdichtung umfassend beurteilt und daraus eine Langzeitfunktionstüchtigkeit abgeleitet werden:

Werden bei allen Werten die vorgegebenen Mindestanforderungen erfüllt, so ist davon auszugehen, dass sich im Regelfall der Alterungsprozess so in Grenzen hält, dass eine langfristige Nutzung der Abdichtung gewährleistet ist.

Die Werte im Anforderungsprofil sind in ihrer Gesamtheit wichtige Anhaltspunkte für eine **umfassende Beurteilung** der angebotenen Bahn. Das Anforderungsprofil entbindet den Verantwortlichen jedoch nicht zu überprüfen, ob im Einzelfall alle Werte relevant sind oder nicht. Jeder einzelne Wert ist im Rahmen der Gesamtheit aller Werte jeweils projektspezifisch zu bewerten bzw. zu gewichten.

Einzelwertdiskussionen sollte man denen überlassen, die sich jeweils die besten Werte der (eigenen) bevorzugten Bahn heraussuchen um gegen Bahnen mit schlechterem Einzelwert zu argumentieren. Solche Argumentationen sind laienhaft, materialfremd und nicht sachdienlich, denn aus wenigen Einzelwerten lässt sich eine Bahn nicht umfassend beurteilen, wie in den vorangegangenen Ausführungen umfassend dargestellt wird.

Vergleich SIA V 280 (1996) mit Anforderungsprofil nach W.ERNST (1999).

Die Mehrzahl der Prüfungen im Anforderungsprofil sind deckungsgleich mit denen der SIA V 280. Weitere Prüfungen basieren auf bestehenden DIN-Normen.Dass einige Anforderungen strenger definiert sind, resultiert aus langjährigen Praxisuntersuchungen und Erkenntnissen aus den vorgestellten praxisorientierten Tests.

Mit der aktuellen Fortschreibung des Anforderungsprofils lassen sich alle polymeren Abdichtungen umfassend und vergleichend beurteilen.

Darstellung 38: Vergleich SIA V 280 / Anforderungsprofil

Comparison between SIA V 280 (1996) and the Requirement Profile prepared by W. ERNST (1999).

Most of the tests in the ERNST requirement profile are the same as those for the SIA V 280. Additional tests are based on existing DIN standards. The fact that certain requirements are more strictly defined is the result of long years of practical experience and the results of practically based tests. If the requirement profile is updated, all polymer sealings and sheetings can be evaluated comprehensively and on a comparative basis.

Comparaison SIA 280 (1996) et profil d'exigences W. ERNST (1999).

La majorité des essais sur lesquels repose le profil d'exigences ERNST sont identiques à ceux de la norme SIA 280. Les autres contrôles reposent sur les normes DIN en vigueur.La définition plus stricte de certaines exigences découle de longues années d'expérience pratique et tire l'enseignement des essais pratiques présentés dans cet ouvrage. L'actualisation du profil d'exigences permet de soumettre à un jugement détaillé et comparatif toutes les bandes d'étanchéité polymères.

SIA V 280 - Ausgabe 1996

FUNKTIONSNORM für alle Kunststoff- und Kautschukbahnen

	PRÜFUNGEN	Dauer	Anforderungen
1	Dickenmessung	-	-
2	Reißdehnung	-	min. 200 % / min. 10 %
3	Faltbiegung i.d. Kälte	-	- 20°
4	Formänderung i. Wärme	6 h / 80°	< 0,5 %
5	Schlitzdruck	-	-
6	Wasserdampfdurchläss.	-	-
7	Verhalten gegen Ozon	96 h	Stufe 0
8	Thermische Alterung	70 d 70°	Massenänderung < 2% Änd. Reissdehn. <30%
9	Hagelschlag	-	> 17 m/s
10	Künstliche Bewitterung	5.000 h	Massenänderung < 3 % Stufe 0
11	Wurzelbeständigkeit	6 / 8 W.	kein Durchwuchs
12	Brandkennziffer	-	-
13	Verhalten nach Lagerung in Warmwasser	240 d 50°	Massenänderung < 4% Änd. Reissdehn. <30%
14	Dauerdruckfestigkeit	-	-
15	Mechanische Durchschlagsfestigkeit	-	500 g / 300 mm
16	Nahtfestigkeit	-	Bruch neben der Naht
17	Widerstand gegen Mikroorganismen	224 d	Massenänderung <6 %
18	Verhalten in 10 %-iger Schwefelsäurelösung	28 d 23°	keine
18	Verhalten in Natronlauge / Zementwasser	28 d 23°	keine
19	Linear thermischer Ausdehnungskoeffizient	+80 ° - 45°	keine
	Hinweise auf andere Normen:		
-	Hydrolysebeständigkeit	-	ist noch in keiner Norm erfasst
-	Lagerung auf Bitumen DIN 16 726 / 5.19	-	keine
-	Nitrifikantentoxität nach ISO 9509	6 / 8 Wochen	Dekleration ökologischer Merkmale von Bauprodukten nach SIA 493

ANFORDERUNGSPROFIL nach W. ERNST 1999

für alle Bitumen-, Kunststoff-, Kautschukbahnen und Flüssigkunststoffe

	PRÜFUNGEN	Bezug	Dauer	Anforderungen
IV.	Gradheit und Planlage	DIN 16 726	-	< 30 mm / < 10 mm
-	-	-	-	-
I.	Faltbiegung i.d. Kälte	SIA V 280	-	- 30°
-	-	-	-	-
-	-	-	-	-
-	-	-	-	-
G.	Verhalten gegen Ozon	SIA V 280	96 h	Stufe 0
H.	Thermische Alterung	SIA V 280	70 d 70°	Massenänderung < 2% Änd. Reißdehn. <30%
III.	Zigarettengluteinwirkung	DIN 51 961	-	dicht
J.	Künstliche Bewitterung	SIA V 280	5.000 h	Massenänderung < 3 % Stufe 0
	Wurzelbeständigkeit	FLL	> 2 Jahre	oder praktische Bewährung
-	-	-	-	-
B.	Verhalten nach Lagerung in Warmwasser	SIA V 280	240 d 50°	Massenänderung < 3 % Änd. Reißdehn. <25%
-	-	-	-	-
II.	Mechanische Durchschlagsfestigkeit	SIA V 280	-	500 g / 750 mm
-	-	-	-	-
E.	Widerstand gegen Mikroorganismen	SIA V 280	224 d	Massenänderung <3 %
D.	Verhalten in 5 %-iger Schwefelsäurelösung	DIN 16 726	90 d 23°	Änd. Reißdehn. < 15 %
C.	Verhalten in Kalkmilch	DIN 16 726	90 d 23°	Änd. Reißdehn. < 25 %
K.	Kältekontraktion	Vorschlag ERNST 99	+ 20° - 30°	max. 200 kg / m
V.	Nachweis der Verschweißbarkeit	Vorschlag ERNST 99		Schweissfenster als Anlage
F.	Hydrolysebeständigkeit	Vorschlag ERNST 92	91 d +80 °	Massenänderung < 3 % Abn. Reißdehn. < 25 %
A.	Fettbeständigkeit	Vorschlag ERNST 92	28 d +23°	Änd. Reißdehn. < 25 %
L.	Abwasserbelastung (Fischtest)	Vorschlag ERNST 99	48 h	> 24 h

AfP - Anforderungsprofil für alle Abdichtungen (ERNST/ddDach e.V., 2004/1)

Polymere Abdichtung der Werkstoffgruppe:_ _____, Dicke: > _____ mm, mit folgenden Materialeigenschaften	geforderter Mindestwert		Wert der ange- botenen Bahn	erfüllt ja/nein
Verarbeitungsrelevante Eigenschaften				
I. **Faltbiegung in der Kälte** nach DIN 16 726 / 5.14 Anforderung: keine Bruch- oder Rissbildungbei	**- 30°C**			
II. **Mechanische Durchschlagsfestigkeit** nach SIA V 280 / 15 Anforderungen: Fallkörper 500 g, Fallhöhe: ≥ 750 mm	**dicht**			
III. **Zigarettengluteinwirkung** nach DIN 51 961 Anforderungen:	**dicht**			
IV. **Geradheit und Planlage** nach DIN 16 726 Anforderungen: Abweichung (g) Abstand (p)	**< 30 mm** **< 10 mm**			
V. **Verschweißbarkeit** Schweißfenster nach ERNST 1999	**ja/nein**			
Alterungsrelevante Eigenschaften				
A. **Verhalten nach Bestreichen mit Fett** nach ERNST 1991 Anforderungen: Änderung der Reißdehnung (DIN 16 726/5.6) im Vergleich zum Neumaterial	**≤ 25 %** relativ*			
B. **Verhalten nach Lagerung in Warmwasser** nach SIA 280 / 13, jedoch Warmwasser + 55°C, Dauer: 90 Tage Anforderungen: Änderung der Reißdehnung (DIN 16 726/5.6) im Vergleich zum Neumaterial	**≤ 15 %** relativ*			
C. **Verhalten nach Lagerung in Kalkmilch** nach DIN 16 726 / 5.18, jedoch: Dauer: 90 Tage Anforderungen: Änderung der Reißdehnung (DIN 16 726 / 5.6) im Vergleich zum Neumaterial	**≤ 25 %** relativ*			
D. **Verhalten nach Lagerung in Säurelösung** nach DIN 16 726/ 5.18, jedoch: Dauer: 90 Tage Anforderungen: Änderung der Reißdehnung (DIN 16 726 / 5.6) im Vergleich zum Neumaterial	**≤ 15 %** relativ*			
E. **Beständigkeit gegen Mikroorganismen** nach DIN 53 933, jedoch: Dauer: 180 Tage Anforderungen: Gewichtsverlust im Vergleich zum Neumaterial	**≤ 3 %**			

F.   **Hydrolysebeständigkeit** nach ERNST (1991)
        Anforderungen: Änderung der Reißdehnung (DIN 16 726 / 5.6)
                 im Vergleich zum Neumaterial und
                 Massenänderung im Vergleich zum Neumaterial
	≤ 25 %relativ*
	
	 < 3 %			

G. **Verhalten gegen Ozon** nach SIA 280 / 7 Anforderungen: keine Risse bei 6-facher Vergrößerung	**Stufe 0**			

H.   **Thermische Alterung** nach SIA 280 / 8
 Anforderungen: Änderung der Reißdehnung (DIN 16 726 / 5.6)
                 im Vergleich zum Neumaterial und
                 Massenänderung im Vergleich zum Neumaterial
	≤ 25 %
	 relativ*
	 ≤ 3 %			

I. **Künstliche Bewitterung** nach SIA V 280 / 10 Anforderungen: Massenänderung im Vergleich zum Neumaterial und keine Risse bei 6-facher Vergrößerung	**≤ 3 %** **Stufe 0**			
J. **Fischtest -** nach ERNST (1999, 2003), Anforderung: jedoch mit Poecilla reticulata (Guppy)	**> 24 Std.**			
K. **Kältekontraktion** nach ERNST (1999), Anforderung:	**< 200 kg/m**			
L. Nachweis der **Wurzelfestigkeit** nach FLL-Verfahren (1999): Anforderungen: wurzel- und rhizomfest gegen Quecken	**Anlage: ja/nein**			
M. **Deklaration ökologischer Merkmale** nach SIA 493:	**Anlage: ja/nein**			
relativ* - und Reißdehnung ≥ 200 % absolut bei unarmierten und kaschierten Bahnen, sowie Bahnen mit Glasvlieseinlage. *) Entnahme der Prüfkörper in Bahnenmitte/Längsrichtung.			**interne Kontrolle**	

Der Hersteller bestätigt durch seine Unterschrift, dass die von ihm eingesetzten Werte über ein amtlich zugelassenes, öffentlich rechtliches Prüflabor, oder eine andere Prüfinstitution, welche den internationalen Normen für Qualitätsmanagement (ISO 9000 ff.) entspricht, auf Verlangen, nachgewiesen werden können.

Hersteller

Die oben eingetragenen Werte gelten für das Produkt / Erzeugnis:

Handelsbezeichnung: _____

der Werkstoffgruppe: _____(Werkstoff-Kurzbezeichnung)

Stempel, Datum und rechtsverb. Unterschrift des Herstellers:

_____

Vorschlag eines Anforderungsprofils für alle Abdichtungen nach ERNST (1999/2003)
Anlage: Beschreibung der Versuchsanordnungen der nicht in den Normen erfassten Prüfungen

A. Bestreichen mit Fett

a) Probenentnahme, Beschichtung, Lagerung

Aus der Bahn werden 2 Proben mit dem Maß DIN A 4, mit der längeren Seite parallel zur Längsrichtung der Bahn, entnommen. Die Proben werden auf eine ebene Platte gelegt und auf der Bahnenoberseite mit 12 gr. Mehrzweckfett nach DIN 51 502 - KL 2 K gleichmäßig bestrichen.
Nach der Beschichtung mit Fett legt man die Proben auf ein Blech, welches mit Silikonpapier belegt ist, mit der bestrichenen Seite nach oben, und lagert diese 28 Tage in Normalklima.

b) Herstellen der Prüfkörper und Prüfung

Nach der Lagerung der bestrichenen Proben wird das Fett mittels eines trockenen Tuches durch Abreiben entfernt.

Die vom Fett gereinigten und in oben beschriebenen Klima gelagerten Proben werden mit den Proben im Anlieferungszustand in Bezug auf Reißdehnung nach DIN 16 726 / 5.6. in %$_{-relativ}$ verglichen.

F. Hydrolysebeständigkeit

a) Probenentnahme, Beschichtung, Lagerung

Aus der Bahn werden drei Probekörper entsprechend DIN 16 726 / 5.6. ausgestanzt.

Die im Normalklima während 24 Stunden konditionierten Proben werden gewogen und danach auf den Boden eines dampfdichten Schraubglases gelegt. Die Proben werden mit einem Kupfer- oder Stahldraht durch bogenförmiges Spannen des Drahtes fixiert. Danach wird das Schraubglas zu 20 Vol.% mit Wasser gefüllt und auf den Kopf gestellt, so dass sich die Proben im Luftraum oberhalb des Wasserspiegels befinden.
Das Glas ist im Wärmeschrank bei 80° ± 2°C für 91 Tage (d) = 2.184 h, zu lagern.

b) Prüfung

Nach der Lagerung sind die Probekörper während 48 Stunden bei 60°C im Umluftofen zu trocknen und danach zur Bestimmung der Massenänderung zu wiegen.

Danach sind die Proben im Normalklima für 24 Stunden zu lagern. Nach der Lagerung ist die Reißdehnung nach DIN 16 726 / 5.6. zu ermitteln und in %-relativ mit den Proben im Anlieferungszustand zu vergleichen.

L. Fischtest

a) Prüfmaterialien nach DIN 38 412 / T. 31

- Einmachglas 1 Liter Inhalt, ca. 16 cm Höhe, ca. 11 cm Durchmesser,
- Prüfwasser aus chlorfreiem Trinkwasser (Verdünnungswasser), wie in DIN 38 412/T.31 beschrieben,
- Testfisch: Guppy (Poecilla reticulata) nach o.g. DIN, Länge der Fische: 30 - 50 mm.

b) Probenentnahme, Prüfung

Aus der Bahn wird eine Probe der Größe 100 x 50 mm entnommen und mittig an der Oberseite gelocht. Die Probe wird mittels Drahthaken aus Edelstahl, der unterseitig am Glasdeckel befestigt ist, in das mit 750 ccm Wasser gefüllte Einmachglas eingehängt. Die Probe muss vollständig von Wasser umspült sein und darf nicht am Glas anliegen. Das Einmachglas mit der Probe und ein wassergefülltes Kontrollglas (ohne Probe aber mit Stahlhaken) sind im Wärmeschrank bei 60 ± 2 °C für 14 Tage in verschlossenem Zustand (aufgelegtem Glasdeckel) zu lagern. Danach wird die Probe mit Drahthaken entnommen. Die Einmachgläser mit Wasser werden auf 20°C abgekühlt. Nach der Abkühlung wird das Wasser belüftet, so dass eine Mindestsauerstoffkonzentration von 4 mg/l erreicht wird. Danach werden pro Glas drei Goldorfen eingesetzt. Kontroll- und Testansatz werden 48 Stunden ohne Futterzugabe bei 20° ±2°C stehen lassen.
Die Prüfung gilt als bestanden, wenn alle drei eingesetzten Fische 24 Stunden überlebt haben. Stirbt ein Fisch im Kontrollglas, so ist die Prüfung nicht zu werten.

K. Kältekontraktion
Bestimmung der einachsigen Kältekontraktionskraft bei Abkühlung

a) Probenentnahme, Prüfung

In Längsrichtung der Bahn werden im Lieferzustand drei Prüfkörper der Form Parallelstab (Länge 450 mm, Breite 50 mm) entnommen und 24 Stunden bei Normalklima gelagert. Die Proben werden bei 23°C in einer Universalprüfmaschine mit Klimakammer (Messzelle 500 N) in einem Abstand von C = 350 mm zwischen den Spannbacken eingespannt. Zur Erreichung einer einheitlichen Straffung der Prüfkörper wird eine Vorspannung von ca. 50 N angelegt. Anschließend wird die Probe in fester Einspannung bei einer Kühlrate von 10°C / 15 min. auf die Temperatur von - 30°C abgekühlt und 30 min. thermostatisiert. Dann wird die Zugkraft erfasst und nach Abzug der Vorspannung die Kältekontraktionskraft ermittelt.

Recommended requirements for all roofing and sealing sheets ERNST (2004/1)	required minimum value	Value of the sheet	perform yes/no
Polymer roofing and sealing sheets with following material properties:			
I. **LOW TEMPERATURE FOLDING** acc. to DIN 16 726 / 5.14 Requirements: no rupturing or cracking at	**- 30°C**	_____	
II. **PUNCTURE RESISTANCE** acc. to SIA V 280 / 15 Requirements: falling mass: 500 g, height of fall ≥ 750 mm	**impenetrable**	_____	
III. **ACTION ON CIGARETTE HEAT** acc. to DIN 51 961 Requirements:	**imprenetable**	_____	
IV. **STRAIGHTNESS AND POSITION TO PLANE SURFACE** acc. to DIN 16 726 / 5.2 Requirements: deviation (g) clearance (p)	**< 30 mm** **< 10 mm**	_____ _____	
V. **HOT AIR WELDING** Welding area according to ERNST 1999 (attached)	**yes/no**	_____	
A. **BEHAVIOUR AFTER COATING WITH GREASE** acc. to the description of ERNST 1992 Requirements: Changes in uniaxial tension (DIN 16 726 / 5.6) in contrast to new material.	**≤ 25 %** relative*	_____	
B. **BEHAVIOUR AFTER STORAGE IN HOT WATER** acc. to SIA V 280 / 13; however: Hot water: 55°C, Duration: 90 days Requirements: Changes in uniaxial tension (DIN 16 726 / 5.6) in contrast to new material.	**≤ 15 %**relative*	_____	
C. **BEHAVIOUR AFTER STORAGE IN LIMEWASH** acc. to DIN 16 726 / 5.18; however: Duration: 90 days Requirements: Changes in uniaxial tension (DIN 16 726 / 5.6) in contrast to new material	**≤ 25 %**relative*	_____	
D. **BEHAVIOUR AFTER STORAGE IN AN ACID SOLUTION** acc. to DIN 16 726 / 5.18; however: Duration: 90 days Requirements: Changes in uniaxial tension (DIN 16 726 / 5.6) in contrast to new material.	**≤ 15 %**relative*	_____	
E. **MICROORGANISMS** acc. to DIN 53 933 / T 1, however: Duration: 180 days Requirements: Weight loss in contrast to new material	**≤ 3 %**	_____	
F. **HYDROLYTIC RESISTANCE** acc. to description of ERNST (1992) Requirements: Reduction of elongation at tear (DIN 16 726 / 5.6) in contrast to new material and change of mass	**≤ 25 %**relative* **< 3 %**	_____ _____	
G. **OZONE RESISTANCE** acc. to SIA V 280 / 7, Requirements: no cracks at 6 x magnification	**Stufe 0**	_____	
H. **HEAT AGEING** acc. to SIA V 280 / 8 Requirements: Reduction of elongation at tear (DIN 16 726 / 5.6) in contrast to new material and change of mass	**≤ 25 %**relative* **≤ 3 %**	_____ _____	
I. **ARTIFICIAL WEATHERING** acc. to SIA V 280 / 10 Requirements: change of mass no cracks at 6 x magnification	**≤ 3 %** **scale 0**	_____ _____	
J. **FISHTEST** acc. to the description of ERNST(1999), Requirements: with Poecilla reticulata (Guppy) acc. ERNST 2004	**> 24 Std.**	_____	
K. **COLD CONTRACTION** acc. to the description of ERNST (1999), Requirements:	**< 200 kg/m**	_____	
L. **PROOF OF ROOT STRENGHT** FLL-Test (1999), or by practical testing of similar objectsof at least _____ years	**yes/no**	_____	
M. **DECLARATION ECOLOGICAL CHARACTERISTICS** of building products acc. SIA 493, Declaration form (attached)	**yes/no**	_____	

relative* - * and elongation at tear > 200% absolute for unreinforced and bonded sheets and membranes with glass mesh reinforcement.

In signing this document, the manufacturer confirms that the values given above can be verified by an officially recognized, public test laboratory or a testing institution in keeping with the international standards of quality management and quality systems (ISO 9001).

Manufacturer: **Company stamp and sign:**   **Product / Article:**

V. Baustellengerechte Verarbeitung

1. Einleitung

Aus der Sicht des Verarbeiters zählen zu den Auswahlkriterien von Dachabdichtungen nicht nur Materialeigenschaften. Eine optimale baustellengerechte Verarbeitbarkeit / Verschweißbarkeit der Bahn ist hierbei von wesentlicher Bedeutung, denn was nützen die besten Materialeigenschaften, wenn sich die Bahn unter Baustellenbedingungen kaum verarbeiten / verschweißen lässt und dadurch Schwachstellen entstehen.

Jeder Verleger hat hier seine eigenen Erfahrungen, die meist daraus resultieren, wie sein Verlegeteam die Verschweißbarkeit einschätzt. Bei einigen Herstellern, die sich besonders mit praxisbezogener Anwendungstechnik ihrer Produkte beschäftigen, findet man in den Planungsunterlagen Hinweise auf die Verschweißbarkeit.

1.1. FORTSCHREIBUNG DES ANFORDERUNGSPROFILS

In der Vergangenheit haben einige Verarbeiter darauf hingewiesen, dass es bis heute noch keine allgemein gültigen Anhaltspunkte als Entscheidungskriterium für eine „gute" oder „schlechte" Verschweißbarkeit von Kunststoffdichtungsbahnen gibt. Aufgrund der Diskus-

sion über diese für den Verarbeiter wichtige Thematik, entstanden Schweißtests mit einem daraus resultierenden Vorschlag für die Fortschreibung des Anforderungsprofils.

2. Heißluftverschweißung

Das Herstellen von Nahtverbindungen mittels Quellschweißung wird nahezu nicht mehr praktiziert. Hochfrequenz- und Heizkeilschweißung ist nicht baustellengerecht und wird vorwiegend zur Vorkonfektionierung in der Werkstatt angewendet.

Eine materialhomogene Nahtverschweißung erfolgt bei Kunststoffbahnen (Thermoplaste und thermoplastische Elastomere) größtenteils mittels Heißluft (Schweißautomat / Handföhn). Hierbei werden die Überlappungen mit heißer Luft plastifiziert und mit anschließendem Druck materialhomogen verbunden.

Wie in Kapitel I ausgeführt ist, kann eine Heißluftverschweißung auch bei speziell für die einlagige Verlegung hergestellte Polymerbitumenbahnen erfolgen.

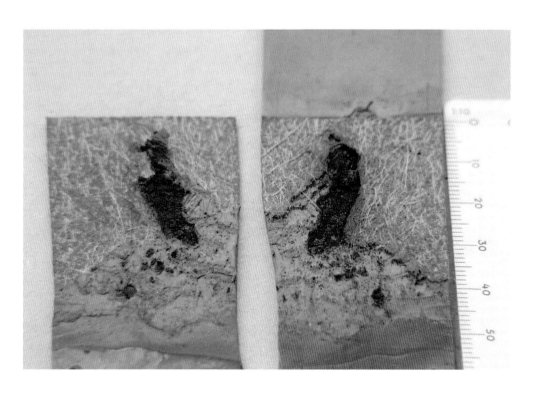

Abbildung 32:
Kohlenablagerung in der Automatenschweißnaht schwächen die Naht.

Carbon deposits in the automatic weld seam weaken the seam.

Les dépôts charbonneux au niveau de la soudure de liaison réalisée par soudage à air chaud fragilisent le joint.

Traditionelle Kautschukbahnen (EPDM, IIR) werden im Regelfall als vorkonfektionierte Planen verarbeitet, die werkseitig im Hot-Bonding-Verfahren gefügt sind. Deshalb wird hier nicht darauf eingegangen.

2.1. EINFLUSSPARAMETER

Einflussparameter für die Verschweißbarkeit mittels Heißluft sind unter anderem

- Materialqualität der Bahn,
- Materialart und Ausrüstung (Einlagen),
- Untergrund,
- Umgebungstemperatur,
- Feuchtigkeitsgehalt und
- Alterungsgrad der Bahn,
- Art und Konstruktion des Schweißautomaten
- Stromschwankungen.

3. Verschweißbarkeit

Der Maßstab für die Verschweißbarkeit einer Bahn wird in einem "Schweißfenster" ausgedrückt. Es gilt:

Je größer das Schweißfenster ist, desto „gutmütiger" ist die Bahn zu verschweißen - die Fügetechnik ist sicherer und somit auch die Dichtheit der Fügenähte.

Abbildung 33:
Detailaufnahme: mangelhafte Automatenschweißnaht bei einer PVC-Bahn bei zu hoher Temperatur.
A defective automatic weld seam caused by the welding temperature being too high for PVC roofing sheets.
Soudure défectueuse opérée à température trop élevée sur un lé en PVC.

Dieses für den Verarbeiter wichtige Kriterium soll in den nachfolgend beschriebenen Schweißtests beispielhaft dargestellt werden. Für die Schweißtests wurde eine willkürliche Auswahl von Bahnen aus den jeweiligen Werkstoffgruppen getroffen, denn Schweißtests bei allen getesteten Bahnen hätten den Aufwand erheblich gesprengt.

Unter den gleichen Bedingungen wurden getestet:

- Probe A   2/01, **ECB**, 2,0 mm
- Probe B   3/02, **EPDM** ,1,5 mm (*)
- Probe F 14/03, **TPO**, 1,6 mm
- Probe G 10/13, **PVC**, 2,4 mm

(*) EPDM als thermoplastisches Elastomer

3.1. SCHWEIßTESTS

Sinn und Zweck des Schweißtests ist , Anhaltspunkte aufzuzeigen, nach denen der Verarbeiter einschätzen kann, wie gut oder wie schlecht sich eine Bahn beim Verschweißen verhält. Anhand der Ergebnisse, die in einem Schweißfenster dargestellt sind, kann er dann eigenverantwortlich vergleichen und seine Entscheidung treffen, bevor er sich auf Experimente einlässt.

3.1.1. TESTANORDNUNG

- Schweißautomat mit Niederhalter und
   - stufenlosem Geschwindigkeitsregler (0,5 - 3,5 m / min.),
   - stufenlose Regelung des Vorschubs,
   - stufenlose Temperaturregelung (bis 520°C),
   - einstellbare Luftmenge und einer
   - Düsenbreite von 50 mm.

- Umgebung:
   - Umgebungstemperatur: 20 °C und
   - harte Unterlage (Sperrholzplatte).

- Material:
   - Neumaterial aus der laufenden Produktion von Lieferungen an den Verarbeiter entnommen

Die Bahnen wurde vor dem Schweißtest 3 Tage in Normalklima gelagert.

3.1.2. DURCHFÜHRUNG

- Umgebungstemperatur, Unterlage
   - 20 ° C, - hart (Spanplatte)

- Schweißgeschwindigkeit des Automaten
   - ab 1,5 m/min. bis 3,0 m / min.

Schweißtemperatur
        - 270°C bis 520°C.

- Beurteilungskriterien:
        - Mindestschweißnahtbreite: 20 mm
        - bei drei Schälproben (15 mm breit) aus der
        Nahtmitte
                - Schweißraupe
                - Verbrennungen
                - Blasenbildung in der Naht.

3.1.3. AUFZEICHNUNG

        - Ergebnis der Schälproben als Tabelle
        - - mit Übertrag in ein Schweißfenster
        (siehe Darstellung 42).

Einzelne Hersteller gehen bei den Schweißprüfungen
weiter ins Detail und führen Schweißprüfungen z.B.:

        - nach Wasserlagerung,
        - nach künstlicher Wärmealterung und
        - mit unterschiedlichen Schweißautomaten
        und bei verschiedenen Außentemperaturen.

durch. Solche ergänzenden Angaben konnten aufgrund
des enormen Umfanges hier nicht berücksichtigt werden.
Sie sind, falls vom Verarbeiter als relevant erachtet, vom
jeweiligen Hersteller anzufordern.

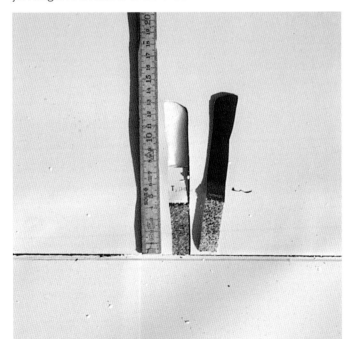

Abbildung 34:
Nahtprüfung (Schälprobe) bei einer fachgerecht verschweißten
PVC-Bahn. Die Breite der Automatenschweißnaht beträgt
durchgehend ca. 38 mm.
Seam test with a properly welded PVC sheet,
seam width: 38 mm
Contrôle de la soudure sur un lé en PVC soudé dans les règles.
Largeur de la soudure: 38 mm.

Abbildung 35:
Probeschweißung mit einem herkömmlichen Automaten bei
Probe H 11/25 (PYE) mit hervoragenden Ergebnissen. Der
Hersteller der Bahn empfiehlt jedoch einen speziellen
Automaten mit einer 10 cm breiten Düse.
Test weld with a traditional machine on a polymer bituminized
sheet.
Essai de soudure sur lé en bitume polymère avec appareil
automatique traditionnel.

4. Testergebnisse

Die Testergebnisse sind in Darstellung 42 für die Proben
A 2/01 (ECB), F 14/03 (TPO) und G 10/13 (PVC) dargestellt.

Eine Wiedergabe der Ergebnisse von Probe B 3/02,
(EPDM) konnte leider nicht erfolgen, da die bei den unter
Optimalbedingungen durchgeführten Schweißtests ermittelten Ergebnisse der Schälproben (Abbildung 42
und 43) derart unterschiedlich waren, dass sich daraus
kein Schweißfenster konstruieren ließ. Es bleibt also nur
festzustellen, dass die Anregungen aus der Praxis zur
Durchführung eines solchen Schweißtests von außeror-
dentlicher Wichtigkeit war.

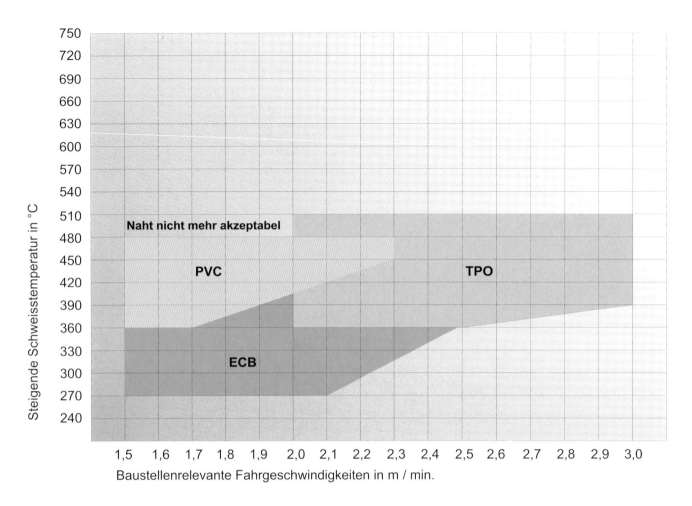

Darstellung 42:
Schweißfenster der getesteten ECB-, PVC- und TPO-Bahn.

Weld area of the tested ECB, PVC and TOP roofing sheets.
Fenêtre de soudure des lés ECB, PVC et TPO soumis aux essais.

4.1. Schweißfenster

Die Schweißfenster der PVC- und ECB- Bahn sind nach oben begrenzt durch eine nicht mehr akzeptable Ausbildung der Schweißraupe. Bei PVC setzt eine Verkohlung ein, bei ECB wird das Material so weich, dass eine Schwächung im unmittelbaren Nahtbereich erfolgt bzw. das Material am Druckrad kleben bleibt.

Das optimale Verschweißen der PVC- und ECB-Bahn beginnt bereits bei einer Geschwindigkeit von 1,5 m/min. Bei zunehmender Geschwindigkeit sind deutlich höhere Temperaturen notwendig. Bei der PVC-Bahn ist dies schon bei 1,7 m/min festzustellen, bei der ECB-Bahn erst bei eine Geschwindigkeit ab 2,1 m/min.

Vergleicht man die beiden Bahnen, so ist festzustellen, dass das Schweißfenster der getesteten PVC-Bahn im Vergleich zur getesteten ECB-Bahn kleiner ist.

In Kenntnis eines "besseren Schweißverhaltens" der TPO-Bahn wurde mit dem Test ab einer Geschwindigkeit von 2,0 m/min. begonnen. Das Schweißfenster ist nach oben begrenzt durch die Maximaltemperatur des verwendeten Schweißautomaten.

Das dargestellte Schweißfenster zeigt bei der getesteten TPO-Bahn einen relativ großen Bearbeitungsbereich bei hoher Temperatur und hoher Geschwindigkeit.

Der vergleichende Test verdeutlicht die Unterschiede bei Bahnen verschiedener Werkstoffgruppen. Aus der Größe des Schweißfensters ist eine baustellenrelevante Verarbeitbarkeit abzuleiten. Diese liegt bei bei der getesteten ECB- und TPO-Bahn wesentlich günstiger, als bei der PVC-Bahn.

Summary - Welding

The overall rating of a polymer sheet is based not only on the material data but also on information about how easy it is to work. A weld window can provide a certain amount of basic information in this respect, as the examples here show. Updating the requirement profile takes this into consideration.

Today, the user no longer has to rely on (expensive) experiments on site to find out that particular products cannot be worked under extreme conditions. Every practice-oriented manufacturer can produce not only weld windows of new material, but also - to demonstrate the "friendliness" of his product - weld windows under various different conditions; one only has to ask for documents of this type.

Resumé - Soudabilité

Un jugement global sur un lé polymère serait incomplet s'il ne comprenait pas, outre les donnés techniques portant sur le matériau, des indications sur ses aptitudes à être mis en æuvre. Comme le montrent les exemples proposés, une fenêtre de soudage, par exemple, peut être ici d'une grande utilité. L'actualisation du profil d'exigence tient donc compte de ce point.

A l'heure actuelle, il n'est plus nécessaire de procéder à des expériences (coûteuses) sur le chantier pour se rendre compte que, dans des conditions extrêmes, la mise en æuvre de certains produits devient impossible. Tout fabricant pour qui la pratique n'est pas un vain mot est tout à fait capable de fournir non seulement une fenêtre de soudure pour le matériau à l'état neuf mais encore, pour prouver la "bonté" de son produit, des fenêtres de soudure du matériau dans diverses conditions ambiantes. Il suffit de s'informer!.

5. Zusammenfassung

Zur **Gesamtbeurteilung** einer polymeren Bahn sind nicht nur die Materialdaten wichtig, sondern auch Angaben über die Verarbeitbarkeit. Anhaltspunkte hierzu können beispielsweise durch ein Schweißfenster erbracht werden, wie die vorgestellten Beispiele verdeutlichen. Die Fortschreibung des Anforderungsprofils berücksichtigt diese praxisbezogene Anforderung.

Jeder weiß, dass die baustellenrelevanten Bedingungen meist alles andere als Optimalbedingungen sind. Deshalb ist es für den Verarbeiter wichtig, dass die Bahn über ein ausreichend großes Schweißfenster verfügt um auch bei den widrigsten Witterungsbedingungen noch eine sichere Nahtverbindung ausführen zu können.

Der Verarbeiter muss sich heute nicht mehr auf (kostspielige) Experimente auf der Baustelle einlassen, um festzustellen, dass sich bestimmte Produkte unter extremen Bedingungen nicht mehr verarbeiten lassen. Jeder praxisorientierte Hersteller kann nicht nur Schweißfenster von Neumaterial, sondern zur Demonstration der "Gutmütigkeit" seiner Produkte auch Schweißfenster unter verschiedenen Bedingungen vorlegen; man muss solche Unterlagen nur anfordern.

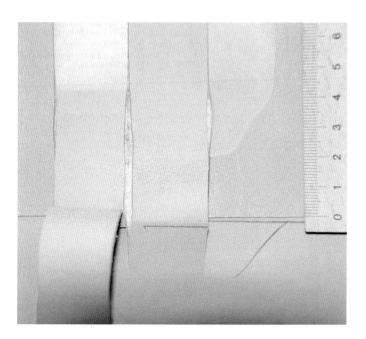

Abbildung 36 und Detailfoto 37:
Schälprobe bei Bahn EPDM 3/02.
Keine homogener Materialverbund.

Anlage zum Anforderungsprofil nach W. ERNST (1999)
Appendix to the requirement profile by W. ERNST (1999)
Annexe au profil d'exigences d'après ERNST (1999)

Schweißfenster
Weld Window
Fenêtre de soudage

Beurteilungskriterien:
Evaluation criteria: _____
Critères de jugement:

Mindestschweißnahtbreite:
Minimum weld seam width: _____
Largeur minimum de la soudure de liaison:

Schweißraupe:
Weld bead: __ _____
Bourrelet de soudage:

Verkohlung:
Carbonisation:_____
Carbonisation:

Blasenbildung in der Naht:
Blistering in the seam: _____
Formation de bulles à l'intérieur du joint:

Produktname: _____
Product name, Nom du produit

Werkstoff: _____   Materialdicke: _____ mm
Material, Matériau: Thickness; Épaisseur:

Materialzustand: _____
Material condition, État du matériel:

Umgebungstemperatur: Unterlage:
Ambient temperature: ___ °C, Base: _____
Température ambiante: Support:

Schweißautomat:
Welding machine:_____
Appareil de soudage:

Temperatur in °C

750
720
690
660
630
600
570
540
510
480
450
420
390
360
330
300
270
240

1,5 1,6 1,7 1,8 1,9 2,0 2,1 2,2 2,3 2,4 2,5 2,6 2,7 2,8 2,9 3,0
Fahrgeschwindigkeit in m/min.

Schweißtemperatur:
Welding temperature: _____
Température de soudage:
Fahrgeschwindigkeit in Meter / Minute
Speed of movement in m/min.: _____
Vitesse en mètres/minute:

Datum/Ort - Place/Date - Lien/Date:

_____

_____
Stempel/Unterschrift - Stamp/Signature - tampon/Signature

VI. Wurzelfestigkeit

1. Einleitung

Die Funktion von Wurzeln besteht darin, die Pflanze standsicher im Boden zu verankern und Nährstoffe sowie Wasser zu erschließen und aufzunehmen. Dazu breitet sich das Wurzelwerk entsprechend der oberirdischen Pflanzenentwicklung aus und entwickelt mechanisch-chemische Aktivitäten. Als Anforderungen an die Dachabdichtung resultieren daraus, neben der Beständigkeit gegen Bodenlösungen, die Durchwurzelungsfestigkeit (LIESECKE, 1995).

Dies trifft nicht nur auf Dachbegrünungen zu, wie die zahlreichen Spontanbegrünungen auf zum Beispiel älteren Kiesdächern und in Extremfällen auf frei bewitterten Dachflächen beweisen. Aus diesem Grund besteht schon seit 1986 die Forderung von ERNST nach wurzelfesten Dachabdichtungen für alle Dachflächen.

2. Wurzelbildung

Mit der Entwicklung der Vegetation setzt eine intensive Durchwurzelung ein. Die Intensität der Durchwurzelung ist so groß, dass vollflächig eine windsogsichere Festlegung erfolgt. Bei Extensivbegrünungen konnte festgestellt werden, dass sich im untersten Bereich der Dränschicht bzw. unmittelbar auf der Abdichtung eine regelrechte Wurzelfilzauflage ausbildet, die beim Abheben zum Teil fest an der Bahn haften bleibt. Es besteht also ein unmittelbarer Kontakt zwischen lebenden und abgestorbenen Wurzeln und der Dachabdichtung (LIESECKE, 1995).

3. Durchwurzelungsfestigkeit

Der Nachweis der Durchwurzelungsfestigkeit kann nach dem von der FLL herausgegebenen "Verfahren zur Untersuchung der Durchwurzelungsfestigkeit" geführt werden. Er kann jedoch auch " .... *durch eine Praxisbewährung von mindestens 10 Jahren Dauer erbracht werden*" (FLL 1990). Seit das Verfahren 1984 eingeführt wurde haben zahlreiche Hersteller Dichtungs- und Wurzelschutzbahnen untersuchen lassen und Bestätigungen der Durchwurzelungsfestigkeit erhalten.

Das Verfahren sieht die Prüfung in Form eines Gefäßversuches vor. Untersucht wird hierbei die Resistenz von

neuem Material gegen Durchwurzelung, sowie Wurzelfestigkeit der Nahtverbindungen während einer Prüfzeit von 4 Jahren im Freiland und nun 2 Jahren im Gewächshaus.

Hierzu ist anzumerken, dass in der Vergangenheit die Nahtverbindungen nicht unter Prüfaufsicht hergestellt und daher werkseitig hergestellt werden konnten, was auch einige Hersteller getan haben. Theoretisch war es also möglich, die festgelegten Nahtverbindungen unter optimalen Klimabedingungen herzustellen und mit aufwendigen Mitteln zu prüfen.

Abbildung 38:
Spontanbegrünung auf einem frei bewitterten Dach
Spontaneous plant growth.
Végétation spontanée.

Die Praxiserfahrungen zeigen jedoch, dass der Schutz gegen mechanische Einwirkungen der Wurzeln in besonderem Maß von der Fügetechnik und einer einwandfreien Ausführung auf der Baustelle mit den dort herrschenden Bedingungen abhängen. Hauptursachen für Durchwurzelungen sind neben mechanischen Beschädigungen meist mangelhaft ausgeführte Nahtverbindungen, wie die Abbildungen 39 und 40 zeigen.

Abbildung 39 (oben) und 40 (unten) :
Mangelhafte Schweißnaht durch Stromschwankung, Durchwurzelung der Schwachstelle.
Defective weld seam caused by power fluctuations; roots growing through weak points.
Soudure défectueuse (due à des sautes de tension). Les racines ont pénétré au niveau de la zone fragile.

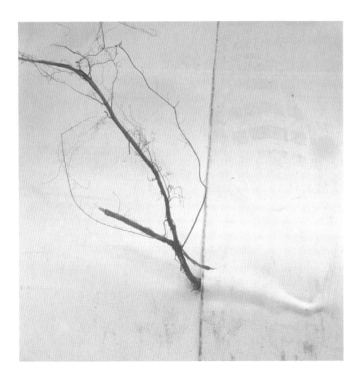

4. Wertung der Prüfzeugnisse

Die FLL-Prüfzeugnisse sind Arbeitshilfen und Anhaltspunkte die der Planer und Verarbeiter zur Lösung der technischen Aufgabenstellung in der Praxis heranzieht. Sie lassen Ermessens- bzw. Anwendungsspielräume für den jeweiligen Einzelfall zu, die jeder Fachkundige eigenverantwortlich interpretieren muss, um für die zu bearbeitende Sache die jeweils richtige Lösung zu finden (ERNST 1997). Über die Notwendigkeit der Bauausführung, solche Anforderungen zugrunde zu legen ist jeweils projektbezogen und eigenverantwortlich zu entscheiden.

4.1. EINWURZELUNGEN

"*Die untersuchte Bahn / Schicht gilt als wurzelfest, wenn in keiner der Wiederholungen/Parallelgefäße nach Ablauf der Versuchsdauer keine Durchwurzelung erfolgt ist.*
Einwurzelungen sind gesondert zu erfassen.
Sie dürfen den systembedingten und vor Beginn der Untersuchung definierten Durchwurzelungsschutz nicht schädigen" (FLL 1995).

Diese Formulierung ist vielen Planern und Verarbeitern nicht bewusst und sorgt oft für Erstaunen, wenn im Einzelfall auf die Hinweise und Darstellungen in den Prüfberichten hingewiesen wird (siehe nachfolgende Beispiele).

Zitat aus einem Prüfbericht:
"............................... jedoch bei 8 Behältern waren **Einwurzelungen** in der Fläche, bei 7 dieser Behälter zusätzlich Einwurzelungen in den fugenlosen Winkel zu verzeichnen. Die Wurzeln gingen maximal bis zur Kupfereinlage der Wurzelschutzbahn; das bedeutet einen Einwuchs in die Bitumendeckschicht von durchschnittlich ca. 1,0 mm bis maximal 1,5 mm"...........

Die Häufigkeit der Einwurzelungen sind in der dazugehörenden Tabelle festgehalten:

Behälter Nr.		Fläche	Fuge	fugenl. Winkel
Nr.	1	30	0	10
Nr.	2	19	0	2
Nr.	3	26	0	6
Nr.	4	6	0	0
Nr.	5	9	0	3
Nr.	6	16	0	7
Nr.	7	9	0	1
Nr.	8	27	0	2

Zitat aus einem Prüfbericht:

".......... Es waren jedoch zahlreiche **Einwurzelungen** bis zum systembedingten Wurzelschutz, in diesem Fall der eingebauten Vlieslage mit aufkaschierter Kupferfolie, zu beobachten....... An einzelnen Stellen, insbesondere im Eckbereich, konnte beobachtet werden, dass die eingebauten Lagen der Bahnen nicht ausreichend homogen miteinander verbunden waren. In diesem Fall kam es dazu, dass sich Wurzeln zwischen den beiden Lagen ausbreiten konnten. Aufgrund der Mehrlagigkeit und der ddeutlichen Überlappung der Bahnen kam es bis zum Versuchsende jedoch zu keiner Durchwurzelung. Es dürfte sich im vorliegenden Fall jedoch um potentielle Schwachstellen bezüglich des Wurzelschutzes gehandelt haben"...........

Die Häufigkeit der Einwurzelungen sind in der dazugehörenden Tabelle festgehalten:

Behälter		Fläche + Fuge,	fugenl. Winkel
Nr.	1	zahlreich	zahlreich
Nr.	2	zahlreich	zahlreich
Nr.	3	zahlreich	zahlreich
Nr.	4	zahlreich	zahlreich
Nr.	5	zahlreich	zahlreich
Nr.	6	zahlreich	zahlreich
Nr.	7	zahlreich	zahlreich
Nr.	8	zahlreich	zahlreich

Anmerkung:
Einwurzelungen bis zum systembedingten Durchwurzelungsschutz waren zahlreich zu beobachten, insgesamt waren ca. 50 Einwurzelungen pro Gefäß erkennbar.

„Wenn ich gewusst hätte, dass so viele Einwurzelungen aufgetreten sind, hätte ich die Bahn nicht verwendet bzw. ausgeschrieben"

ist dann häufig der typische Kommentar von Unkundigen, die sich nur auf Angaben verlassen, ohne jemals überhaupt einen Prüfbericht gelesen zu haben. **Ein solches Verhalten könnte man als Verstoß gegen die Sorgfaltspflicht interpretieren.**

Abbildung 41:
Für die neue Generation von bituminösen Wurzelschutzbahnen werden Vlieseinlagen mit aufkaschierter Kupferfolie oder mit Kupfer bedampfte Vliese verwendet.

Non-woven webs lined with copper foil are used for the new generation of bituminized sheets.

Les lés bitumineux de la nouvelle génération sont renforcés par un voile doublé d'une feuille de cuivre en sous-couche.

4.2. Rhizom > Rhi`zo-ma=Wurzelstock

[zu grch. rhizza "Wurzel"](WAHRIG, dt. Wörterbuch)

Um das "werbewirksame" FLL-Prüfzeugnis zu erhalten werden unter Umständen auch einmal Juristen bemüht, die dann auf rechtlicher Seite klären müssen, ob es zwischen Wurzel, Erdspross und Rhizom Unterschiede gibt.

Nach NULTSCH (1971) lässt sich der Sprossencharakter der Rhizome anhand morphologischer und anatomischer Merkmale eindeutig sicherstellen durch:

- Fehlen der Wurzelhaube
- Ausbildung von Knospen
- Besitz von Niederblättern,
- keine radialen Leitbündel".

Rhizome werden in den neuesten Prüfberichten extra erfasst, wie nachfolgend dargestellt wird.

Inwieweit es für die jeweilige Entscheidung eine Rolle spielt, ob in die Bahn Erdsprossen, Rhizome oder Wurzeln eingewachsen, bleibt dem Einzelnen überlassen.

Festzuhalten ist jedoch, dass bei einem Schadensfall die Auswirkungen gleich sind, egal ob es sich um Wurzeln, Rhizome oder Erdsprosse handelt.

Zitat aus einem weiteren Prüfbericht:

"Aufgrund der großen Anzahl von Eindringungen in die Fläche wurde diese Untersuchung wiederum nur exemplarisch an einem nahtlosen Teilstück von ca. 130 x 25 cm durchgeführt. Dies entspricht rund 20 % der gesamten, mit Substrat bzw. Wurzeln und Rhizomen in Kontakt stehenden Fläche der zu prüfenden Bahn".

Die nachfolgenden Angaben sind also mit dem theoretischen Faktor 5 zu multiplizieren:

Die Häufigkeit der **Einwurzelungen** sind in der dazugehörenden Tabelle festgehalten:

Behälter		Fläche	fugenl. Winkel	Nähte
Nr.	1	21 R	2 W	10 R
		4 W		1 W
Nr.	2	27 R	4 W	11 R
		5 W		
Nr.	3	17 R	2 W	13 R
		4 W		
Nr.	4	28 R	1 R	4 R
		11 W	3 W	
Nr.	5	12 R	2 W	9 R
		7 W		
Nr.	6	24 R	6 W	2 R
		3 W		
Nr.	7	16 R	1 R	7 R
		2 W		
Nr.	8	20 R	1 R	13 R
		4 W		2 W

W=Wurzel, **R**=Rhizom

Zur Erläuterung ist in diesem Prüfbericht zu lesen:

"In die Fläche und in die fugenlosen Winkeln der Bahn waren zu Versuchsende zahlreiche Rhizome und einige Wurzeln in die obere Bitumenschicht eingewachsen.Bei den eingedrungenen Rhizomen konnte zum Teil festgestellt werden, dass sie einige Zentimeter unter der oberen Bitumenlage der Bahn entlang der Einlage gewachsen waren und hernach die Bitumenschicht wiederum in Richtung Substrat durchstoßen hatten............ In das Bitumen eingedrungene Wurzeln beendeten ihr Wachstum in der Regel unmittelbar an der Eindringstelle, wobei sie Verdickungen ausbildeten. Bei einigen Wurzeln wurde ein Einwachsen in die obere Bitumenschicht von wenigen Zentimetern festgestellt. Die Einlage aus Polyestervlies wurde weder durch eingedrungene Wurzeln noch durch Rhizome beschädigt.
Die zahlreichen Eindringungen in die Nähte wurden ebenfalls vornehmlich von Rhizomen bewirkt. Die maximale Eindringtiefe der Rhizome lag bei ca. 4,5 cm. In die Nähte eingewachsene Wurzeln wurden vereinzelt festgestellt, wobei die maximale Eindringtiefe ca. 2 cm betrug".

Polymerbitumenbahn / Herstellungsjahr 1985
FLL-Prüfzeugnis von 08 / 1989

Eigenschaften nach Datenblatt **1990**　**1997**
des Herstellers:

Reißfestigkeit	längs	500 N	300 N
	quer	500 N	300 N
Kaltbiegeverhalten		- 5° C	- 20° C
Einlage		CU 0,1	k.A.

Auf Anfrage teilt der Hersteller mit:
...... wir haben den Anteil an elastomeren Zusätzen gesteigert ..... Aufgrund der Dickenschwankungen der Cu-Einlage erfolgt keine Bezeichnung mehr ......

Das FLL-Prüfzeugnis gilt weiterhin uneingeschränkt....

4.3. REZEPTURÄNDERUNGEN

In den FLL-Prüfberichten findet man die Formulierung:

"Das Ergebnis ist nur zu Übertragen auf Bahnen, die nach der gleichen Rezeptur und demselben Verfahren hergestellt und gefügt sind".

Wenn der Prüfbericht älter als 5 Jahre ist, so ist davon auszugehen, dass es zwischenzeitlich ein neues Werkstoffblatt gibt, wie oben angeführtes Beispiel verdeutlicht. Zur Sorgfaltspflicht des Planers und Ausführenden gehört es auch solche Angaben zu überprüfen. Meistens geschieht dies nicht, denn wer archiviert schon die alten Unterlagen. Auch hier gilt wieder die Eigenverantwortlichkeit des Planers und Ausführenden, der aufgrund seiner Fachkunde selbst einschätzen muss, ob es sich hier um eine Rezepturänderung handelt oder nicht und er unter diesen Umständen das Prüfzeugnis noch anerkennt oder nicht.

4.4. LISTEN / ZUSAMMENSTELLUNGEN

In der Vergangenheit gab es bei einigen veröffentlichten Tabellen und Zusammenstellungen über Produkte mit FLL-Prüfzeugnissen (FBB, DDH) Unstimmigkeiten und Fehlinformationen. Es wurden zum Beispiel:

- Bahnen mit FLL-Prüfzeugnis einfach vergessen,
- Produkte mit falschen bzw. verwirrenden Werkstoffangaben bezeichnet,
- Teichbahnen den Dachabdichtungen zugeordnet, oder
- in mehreren Fällen ein FLL-Prüfzeugnis gleich auf die gesamte Produktpalette es Herstellers übertragen.

Solche mangelhaft recherchierten Aufstellungen, die außerdem auch noch relativ viel kosten (zum Beispiel 12-
seitige Broschüre für DM 30.-) sind nicht der Sache dien-
lich, sondern stiften nur noch mehr Verwirrung.

Aus diesen Gründen wurden alle Hersteller angeschrie-
ben und die kompletten Prüfzeugnisse angefordert. In
der im Anhang aufgeführten Tabelle sind nur solche
Hersteller und Produkte aufgeführt, von denen dem
Verfasser zum Stand 31.12.1998 ein komplettes FLL-
Prüfzeugnis vorlag.
Die mangelhaften Angaben zur Materialdicke, Werkstoff
und Ausrüstung in einigen Prüfzeugnissen wurden nach
Herstellerangaben ergänzt.

Nicht berücksichtigt wurden:

- Produkte von denen nur eine einseitige
  Bestätigung vorliegt,
- Produkte mit Prüfzeugnis, das jedoch trotz
  mehrmaliger Aufforderung dem Verfasser nicht
  komplett vorgelegt wurde,
- Produkte, die nicht mehr im Handel sind, und
- Teichabdichtungen.

5. Zusammenfassung

Die im Prüfzeugnis aufgeführten, in die Nähte eingedrungenen Wurzeln werden gemäß den Vorgaben des FLL-
Verfahrens von 1992 nicht bewertet. Ebenfalls werden
bei der geprüften Bahn, in die Nähte eingewachsene Rhizome bei der Bewertung der Durchwurzelungsfestigkeit
nicht berücksichtigt.

Wer Prüfzeugnisse ungelesen abheftet, der darf im nach-
hinein nicht überrascht sein, wenn er auf die als Beispiel
aufgeführten Zitate aus den Prüfberichten hingewiesen
wird. Die meist danach folgende Reaktion, der Infrage-
stellung des FLL-Prüfverfahrens, ist dann nur noch ein
Ablenken von der eigenen Verantwortlichkeit.

Jeder muss anhand der Prüfberichte selbst entscheiden,
ob die dort aufgeführten Einwurzelungen für seine projektspezifischen Überlegungen relevant sind oder nicht.

Die Prüfzeugnisse sind vom Hersteller/Anbieter anzufordern. Eine aktuelle Auflistung findet man im Internet auf
den Seiten der Europäischen Vereinigung dauerhaft
dichtes Dach - ddD e.V. unter: **http://www.ddDach.org**.

Abbildung 42:
Detailaufnahme von Durchwurzelungen im Nahtbereich einer
Polymerbitumenbahn. Deutlich erkennbar sind die überlappen-
den Kupferbandeinlagen und die in diesem Überlappungsbe-
reich eingedrungenen Wurzeln.

Detailed photo of roots growing through in the seam area of a
polymer bituminized sheet. The overlapping copper strips can
be clearly seen.

In Anbetracht solcher Auswirkungen ist von Seiten der Bitumen-
hersteller verständlich, wenn in der CEN-Normung wieder der
nicht auf die Langzeitwirkung ausgelegte 6-wöchige Bitter-
lupinentest nach DIN 4062 zur Diskussion steht.

Détail d'un cliché représentant un lé en bitume polymère
n'ayant pas résisté aux racines au niveau de la soudure. On
reconnaît nettement les feuilles de cuivre qui se chevauchent.

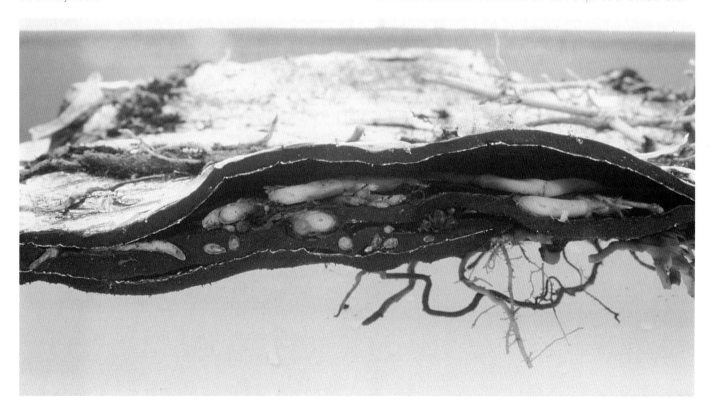

Summary - Root resitance

The roots mentioned in the test certificate that have penetrated the seams are not rated in accordance with the requirements of the FLL process of 1992. Similarly, with the sheet tested, rhizomes that have grown into the seams are not taken into account when assessing root strength."

Users who file test certificates without reading them should not be surprised afterwards to be referred to quotations from test reports, such as the one given above. The reactions that generally follow - questioning the FLL test methods - is then merely an excuse for not facing up to their own responsibility.

Everyone must decide on the basis of the test report whether the root growth described there are relevant to the specific project in hand or not. The following gives a few hints - see chapter X.

The manufacturer should be asked to provide the test certificates.

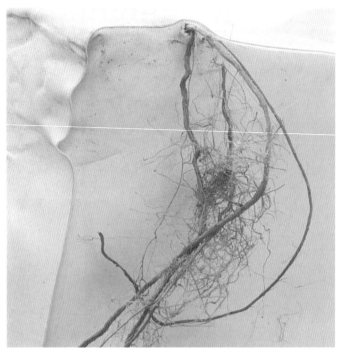

Abbildung 44:
Versprödungserscheinungen im Nahtbereich nach 4 Jahren und die Konsequenzen.
Embrittlement in the seam area after 4 years, and its consequences.

Abbildung 43:
Bei dünnen polymeren Bahnen (< 1,5 mm) besteht die Gefahr der Schwächung neben der Naht.
With thin polymer sheets (< 1.5mm), there is a risk that the area next to the seam will be weaker.

Résumé - Résistance aux racines

Conformément aux instructions FLL de 1992, les racines ayant pénétré dans les joints et dont la présence est signalée dans le résultats des essais ne font pas l'objet d'une évaluation. De la même manière, les rhizomes présents dans les joints du lé testé ne sont pas pris en considération dans l'évaluation de la résistance aux racines du dit lé.

Celui qui ne se donne pas la peine de lire les résultats des essais ne doit pas s'étonner d'être renvoyé, en cas de problème, à des passages tels que celui qui est cité ici, emprunté à un compte-rendu d'essai. La réaction la plus fréquente, qui consiste à mettre en doute la qualité de la procédure d'essai FLL, n'a pas d'autre but que de minimiser sa propre responsabilité.

Tout utilisateur doit être en mesure, sur la base des comptes-rendus d'essais, de juger si les problèmes de racines signalés sont importants ou non pour son projet spécifique. Les indications à ce sujet peuvent être déduites du tableau ci-dessous.

Il est possible de se procurer les résultats des essais auprès du producteur.

VII. Flachdachzukunft

1. Einleitung

Glaubt man den bisher veröffentlichten Statistiken, entstehen Schäden beim Flachdach durch:

- fehlerhafte Planung (Nichtplanung)   ~**34 %**
- mangelhafte Ausführung   ~**45 %**
- unsachgemäße Beanspruchung
  während der Bauzeit   ~ **7 %**
- Materialversagen, bzw. nicht sach-
  gerecht eingesetzte Bahnen   ~**14 %**

Aus dieser prozentualen Aufteilung kann man folgern, dass sich die Qualität der Produkte in den letzten Jahren zwar verbessert hat, Planer und Verarbeiter in jeglicher Hinsicht immer noch einen enormen Nachholbedarf haben.

In diesem Zusammenhang ist zu erwähnen, dass die Planung von Flachdächern vielfach nicht für notwendig empfunden wird, denn zahlreiche Hersteller liefern ja kostenlos Pauschaltexte und Standarddetails, die nur noch kopiert und zur Angebotseinholung verschickt werden müssen, wie die vielen aus Prospektmaterial zusammengestellten "Musterausschreibungsordner" beweisen. Wie die Praxis zeigt, wird dann bei der Auftragsvergabe auch noch dem Auftragnehmer die Beachtung aller relevanten Normen, Richtlinien und technischen Vorschriften, meist ohne diese exakt zu benennen, vertraglich auferlegt.

Trotz zahlreicher Seminare, Fortbildungsveranstaltungen und Fachliteratur stellt man immer wieder fest, dass Pauschalierungen und Verallgemeinerungen von einmal bei einem bestimmten Produkt festgestellten Eigenschaften auf die gesamte Gruppe der Werkstoffe übertragen wird und dann für deren Verhalten bezeichnend sein soll. Dass man landläufig immer noch mit dem Begriff "TROCAL-Folie" gemeinhin alle Kunststoffdichtungsbahnen meint, unterstreicht diese Feststellung.

Noch immer findet man in Auschreibungen von Planern und Architekten solche Bezeichnungen und ist dort auch teilweise der Meinung, alle Kunststoff- oder alle Bitumenbahnen seien hinsichtlich ihrer Eigenschaftsmerkmale oder gar ihrer Qualität als gleichwertig anzusehen. Wenn man Glück (oder Pech) hat, findet man auch noch (selbsternannte) Sachverständige bzw. Fachleute die derselben Meinung sind.

Die in den letzten Jahren zunehmende Fragen nach dem besseren Produkt, wie zum Beispiel:

VEDAG oder BAUDER ?, BRAAS oder SARNA ?

bzw. dem besseren Werkstoff:

ECB oder TPO ?

verdeutlichen die Situation, bestätigen die oben angeführten Ausführungen und begründen die %-Angaben der Statistik.

Abbildung 45:
Großflächige Extensivbegrünung auf den Dachflächen einer Bankzentrale in Zürich.

2. Erwartungshaltung

Der Bauherr bzw. Auftraggeber erwartet von der Sache, dass ein nach den Fachregeln errichtetes Bauwerk bzw. ein Bauteil dessen, wie zum Beispiel ein Flachdach (mit Begrünung), funktionsgerecht und dauerhaft ist. Der gewöhnliche Gebrauch bzw. die übliche Nutzung darf in keiner weise eingeschränkt sein bzw. sich wesentlich verändern.

Vom **Planer** erwartet der Bauherr, dass er seiner Pflicht zur mängelfreien Leistung unter technischen, wirtschaftlichen und rechtlichen Gesichtspunkten nachkommt.

Bauherr und Planer erwarten von der ausführenden **Firma**, dass die Leistungen unter oben angeführten Anforderungen fachgerecht und unter eindeutig gewährleistungstechnischen Gesichtspunkten hergestellt werden.

Die Erwartungshaltung des Bauherrn können Planer und Verarbeiter nur erfüllen, wenn für das technische Werk "FLACHDACH" die Mindestanforderungen der Fachregeln eingehalten werden. Die Fachregeln sind ein Element zur Definition der Soll-Beschaffenheit des Werkes im Regelfall, wobei es gleichgültig ist, ob im Bauvertrag darauf verwiesen wird oder nicht.

3. Fachregeln

Fachregeln sind Erfahrungssammlungen auf wissenschaftlicher Basis, die in der Praxis erprobt und bewährt sind und "Gedankengut" der auf dem betreffenden Fachgebiet tätigen Personen geworden sind - und von deren Mehrheit als richtig anerkannt und angewandt werden.

"Fachregeln sind keine Patentrezepte für den Einzelfall, obwohl dies von Unkundigen immer wieder erwartet und zunehmend gefordert wird" (ERNST, 1992).

Fachregeln sind Arbeitshilfen und Anhaltspunkte, die der Planer und Verarbeiter zur Lösung der technischen Aufgabenstellung in der Praxis heranzieht. Sie lassen Ermessens- oder Anwendungsspielräume für den jeweiligen Einzelfall zu, die kreativ, sach- und fachverständig, sowie **eigenverantwortlich** umzusetzen bzw. zu interpretieren sind, um für die zu bearbeitende Sache die jeweils richtige Lösung zu finden.

"Nachdem die Fachregeln ständig fortgeschrieben werden, muss der Planer (und Verarbeiter) immer auf dem neuesten Stand sein und zu diesem Zweck nicht nur die Entwicklung der Fachregeln verfolgen, sondern auch insbesondere Fachliteratur studieren und weiterbildende Fachvorträge anhören" (FREY in ERNST 1992).

Die Fortbildungspflicht basiert auf der Tatsache, dass Fachregeln in 5 - 10 Jahresabständen fortgeschrieben werden, neue Erkenntnisse jedoch in kürzeren Zeitabständen veröffentlicht werden.

4. Planungsleistungen

Bei der Begutachtung von Schadensfällen ist immer wieder festzustellen, dass fundamentale Grundkenntnisse fehlen. Aufgrund dieser Erfahrung ist der Anteil von über 30 % für fehlerhafte Planung bzw. Nichtplanung in der eingangs aufgeführten Statistik begründet. Anzumerken ist hierbei, dass

der Architekt den Bauherrn darauf hinweisen muss, wenn ihm für die zu planende Bauaufgabe oder Teilen davon die notwendigen Fachkenntnisse fehlen, damit der Bauherr sich schlüssig werden kann, ob gegebenenfalls ein Sonderfachmann / Sachverständiger heranzuziehen ist.

Dies scheitert meistens an:

- der landläufigen Meinung, dass ein Flachdach nicht noch extra zu planen ist,
- dem uneinsichtigen Bauherrn, der zu verstehen gibt, dass (zusätzliche) Aufwendungen beim Architektenhonorar in Abzug zu bringen sind,
- dem Architekten, der nicht zugeben will, dass er sich auf dem Spezialgebiet nicht auskennt.

Nicht zu vergessen sind die zahlreichen "Pseudoplaner", die sich nach wenigen Seminarbesuchen als Spezialisten oder gar Sachverständige bezeichnen und komplette Planungsleistungen zu "Dumpingpreisen" anbieten, um "ins Geschäft" zu kommen.

Vielfach und leider allzu häufig wird auf das "Komplettangebot aus dem Versandhaus" zurückgegriffen - Hauptsache die Planungskosten sind eingespart. Dies ist nicht nur eine übliche Vorgehensweise, die sich bei manchen Generalunternehmern eingebürgert hat, sondern auch ein willkommenes Angebot für den Planer, die zum Teil erheblich reduzierten Honorarkosten auszugleichen.

Demgegenüber stehen jedoch aufgeschlossene Bauherrn und Architekten, die die Notwendigkeit der Fachplanung: **Dachabdichtung** und/oder **Dachbegrünung** erkannt haben und erfahrene Sonderfachleute bereits im frühen Planungsstadium hinzuziehen. Dass dadurch die Planung optimiert werden kann und zum größten Teil auch noch langfristig Kosten eingespart werden, ist längst nachgewiesen.

4.1. Ausschreibung

Eine Leistungsbeschreibung muss besonders sorgfältig, vollständig und fachlich richtig erstellt werden. Die Leistung ist

eindeutig und unmissverständlich

auf Grundlage der VOB, sowie den zutreffenden Fachregeln zu beschreiben. Dies gilt auch für das Material bzw. die Stoffe und insbesondere für die Dachabdichtung als wichtigste Funktionsschicht im Dachaufbau.

In den vorangegangenen Ausführungen wurde ausführlich dargestellt, dass Dachabdichtung nicht gleich Dachabdichtung ist und dass bei genormten Bahnen teilweise enorme Eigenschaftsunterschiede festzustellen sind. Während die ausführenden Unternehmen die technischen Normen und die darin enthaltenen Mindestanforderungen im Wettbewerbsverfahren schätzen, muss sich der Verantwortliche im Klaren darüber sein, ob diese Mindestanforderungen seinen projektspezifischen Anforderungen gerecht werden. Wenn nicht, muss er die über die Mindestanforderungen hinausgehenden Materialeigenschaften eindeutig und unmissverständlich beschreiben. Anhaltspunkte hierfür sind in diesem Fachbuch beschrieben.

"Wer sich vor praxisgerechter Verantwortung drückt und keine projektspezifischen Anforderungen definiert, muss sich darüber im Klaren sein, dass er nicht mehr als die Mindestanforderungen erwarten darf" (ddD 1998).

Ob diese dann ausreichend sind wird sich herausstellen.
.

4.2. Vergabe

Der Planer hat die Pflicht, bei der Auswahl der Verarbeiter auch auf deren fachliche Qualifikation zu achten. Dies betrifft auch etwaige Subunternehmer, die selbstverständlich zur Angebotsabgabe verbindlich zu benennen sind.

In Anbetracht des prozentualen Anteils von ~45 % der Schäden durch die mangelhafte Ausführung wird eine strenge Auswahl nach fachqualifizierten Aspekten gerechtfertigt:

Da jeder Werkstoff seine material- und herstellertypischen Eigenschaften hat, kann auf Grundlage der VOB - Teil A - § 8, Abs. 3b, vom Bieter seine umfassende Erfahrung und materialtypischen Kenntnisse in der Verarbeitung der in der Leistungsbeschreibung beschriebenen Dachabdichtung aufgrund einer nachprüfbaren Referenzliste der letzten 3 abgeschlossenen Geschäftsjahre gefordert werden.

Hat der Bieter nur wenige Quadratmeter der ausgeschriebenen Bahn verlegt bzw. ausschließlich materialbedingte Erfahrung mit Bahnen anderer Werkstoffgruppen, so ist dies bei der Vergabe zu berücksichtigen. Jeder Bauherr und öffentliche Vergabestelle wird einer Argumentation zustimmen, den Auftrag nicht an einen **materialunkundigen** Unternehmer zu vergeben.

Damit jedoch eine solche Argumentation Bestand hat, müssen die Vergabeunterlagen natürlich ebenfalls ausführlich, eindeutig und unmissverständlich angefertigt sein.

Abbildung 46:
Fachplanung oder das Werk
eines Lichtkuppelfetischisten?

5. Hinderungsgründe

Für eine positive Veränderung der eingangs dargestellten Statistik und somit bessere Flachdachzukunft sind insbesondere hinderlich:

5.1. Falsches Preisbewusstsein

Je nach Größe des Objekts kostet ein Teppichboden DM 70.- bis DM 120.- / pro m². Solche Preise sind normal und werden ohne weiteres akzeptiert. Sie sind für einen Zeitraum von 10 Jahren kalkuliert, denn als Mieter hat man nach dieser Zeit Anspruch auf einen neuen Teppichboden.
Im Gegensatz dazu werden Preise von DM 28.- bis DM 33.- für den m² verlegter Dachbahn jedoch schon als Wucher bezeichnet - gleichzeitig wird eine Funktionsdauer von mehr als 30 Jahren erwartet.

Eine solche Betrachtungsweise findet man leider viel zu oft. Gefördert wird dies u.a. auch durch die inzwischen allgemein üblichen Vergabepraktiken, den billigsten Einheitspreis aller Positionen den Preisverhandlungen zugrundzulegen. Das Schlimme dabei ist, dass sich immer eine Firma findet die sich auf solche Methoden einlässt und dann natürlich auch die entsprechende Qualität liefert und einbaut.

5.2. Unverhältnismäßigkeit

Manchmal fragt man sich, mit welcher Rechtfertigung ein "Vergabeverhandlungsangestellter" eines Generalunternehmers oder eines Bauamtes den m²-Preis bei der Dachabdichtung um wenige Pfennig herunterhandelt. Wohl nur um seine Existenz zu rechtfertigen, denn meist beträgt diese "Einsparung" nur einen kleinen Prozentsatz des gesamten Dachaufbaues. Und dieser wiederum ist nur ein sehr kleiner Teil der Gesamtbaukosten.

Eine solche Unverhältnismäßigkeit wird oft erst nach Jahren erkannt. Meist erst dann, wenn das Projekt an den Bauherrn übergeben ist und die Gewährleistungsfristen abgelaufen sind.

5.3. Verantwortungsbewusstsein

Vermutlich ist es der Zeitgeist, der häufig das Handeln ohne jegliches Verantwortungsbewusstsein bestimmt und nicht selten bei den Juristen enden lässt, die dann vermutlich zu folgendem Ergebnis kommen:

„ Die anerkannten Regeln der Technik beinhalten Sorgfaltsregeln. Wer sie beachtet, handelt nicht schuldhaft. Wer sich an die gültigen DIN-Normen und sonstigen überbetrieblichen Normen ausrichtet, dem kann grund-
sätzlich auch dann kein Vorwurf gemacht werden, wenn diese Regeln infolge fortgeschrittener Erkenntnis und Praxis nicht mehr den Anforderungen der anerkannten Regeln der Technik entsprechen".
Wer die „ allgemein anerkannten Regeln der Technik" beachtet, für den spricht der Beweis des ersten Anscheins (tatsächliche Vermutung), dass er richtig gearbeitet bzw. gehandelt hat" (FREY in ERNST, 1992) .

Durch eine Abnahme wird dann bescheinigt, dass das Objekt oder die Bauleistung zum Zeitpunkt der Übergabe die vertraglich zugesicherte Eigenschaft erfüllt hat. Wer bei einem Schaden nach Ablauf der Gewährleistungsfrist sprichwörtlich im Regen steht, ist somit im Voraus bestimmt.

5.4. Mangelnde Fachkunde

"Im Regelfall wird das Material des Herstellers ausgeschrieben, dessen Vertreter zuletzt das Büro verlassen hat bzw. dessen Produktinformation zuletzt eingegangen ist" (ddD, 1999).

Diese These wird immer wieder durch Tatsachen derjenigen bestätigt, die aufgrund mangelnder Fachkunde die für sie unangenehmen Arbeiten gerne durch Andere erledigen lassen. Besonders kritisch wird es dann, wenn die gelieferten Unterlagen dann noch mit eigenen dilettantischen Ergänzungen so verändert werden, dass es kein Material mehr gibt, das den Anforderungen entspricht.

5.5. Allesverleger

Nachdem auch beim dritten Termin keine Abnahme der PVC-Dachabdichtung infolge unzureichender und mangelhafter Nahtverbindungen erfolgte (siehe Abb. 39) wurden die Ursachen geklärt. Es stellte sich heraus, dass
- die Nahtverschweißung von völlig unerfahrenen Lehrlingen ausgeführt wurde,
- der von einer anderen Firma geliehene Schweißautomat defekt war,
- und die 10 Jahre alten Handschweißgeräte nicht mehr die erforderliche Temperatur erzeugten.
Diese Firma hat vom Bauherrn den Auftrag aufgrund ihrer *jahrzehntelangen Flachdacherfahrung* bekommen und nach dem Motto:
" Schlechtes Wetter = höchste Heissluftstufe "
die PVC-Bahn verschweisst. Die Ernüchterung folgte jeweils bei den entnommenen Schälproben aus dem Nahtbereich.

Dass Kunststoff nicht gleich Kunststoff ist, es teilweise enorme produktspezifische Unterschiede innerhalb der Werkstoffgruppen gibt und nahezu jede Bahn ihr eigenes Schweißfenster hat , scheint sich noch nicht bei allen Verarbeitern herumgesprochen zu haben, wie leider in der Praxis immer wieder - **und viel zu oft** - festzustellen ist.

6. Informationsquellen

Für den Interssierten wird es immer schwieriger sich umfassend zu informieren. Betrachtet man die Fachzeitschriften, so ist immer mehr festzustellen, dass es an kritischen Berichten mangelt und die von den Firmen gesponsorten oder mit Werbung begleiteten Berichte zunehmen. Man darf sich über diese Entwicklung nicht wundern, denn es ist bei einigen Zeitschriften üblich, dass die Manuskripte vor Veröffentlichung den Zeitschriftensponsoren zur Stellungnahme vorgelegt werden. Es zählt also nicht mehr der fachliche Inhalt, sondern die Höhe des Werbeetats. Ausnahmen bestätigen die Regel.

Auch bei der Auswahl der Seminare sollte man wählerisch sein. Manchmal kommt es vor, dass einzelne Veranstaltungen von der Industrie gesponsort werden. Nach dem Motto: " *Wer bezahlt, schafft an* " werden dann gleich "industrieangenehme" Referenten vorgegeben. Dabei wird anscheinend auf publikumswirksame Titel mehr Wert gelegt, als auf fachliche Qualifikation. Ohne der Vielzahl der verdienten Professoren nahezutreten, wird es außerordentlich peinlich, wenn in solchen Seminaren ein Kollege (aus mangelnder Zeit zur Vorbereitung) die Werbebroschüre eines Herstellers vorliest und nur Dias zeigt auf denen das Firmenlogo jeweils deutlich plaziert ist.

Dem gegenüber stehen eine Vielzahl von Fachseminaren und Fortbildungsveranstaltungen auf denen nicht nur der Anfänger etwas lernen kann, sondern auch der Fortgeschrittene ab und zu noch ein paar Tips bekommt. Man muss solche Veranstaltungen nur besuchen,

denn der Preis, den wir für die Fortbildung bezahlen, ist nichts im Verhältnis zu dem Preis, den wir schlussendlich für unsere Ignoranz bezahlen müssen.

7. Anspruch und Wirklichkeit

Es ist der Bauherr bzw. Auftraggeber der als Veranlasser der Baumaßnahme die Anforderungen an das Bauwerk definiert. Er verpflichtet Planer und Unternehmer die von ihm definierten Ansprüche sach- und fachgerecht in Planung, Materialqualität und Ausführung umzusetzen und einen zu erwartenden Erfolg herbeizuführen. Eine solche Verpflichteung ist nicht irgend etwas und unterliegt schon gar nicht einem Diktat konspirativer Anbieter- bzw. Herstellerkartelle (KUREK bei ERNST, 2002).

Kann sich der Bauherr/Auftraggeber hinsichtlich der zu erwartenden Qualität bzw. Funktionsdauer nicht eindeutig artikulieren, so muss er sich darüber im Klaren sein, dass er nicht mehr als die in den Fachregeln definierten Mindestanforderungen erwarten darf.

Mit einer kaum zu überbietenden Klarheit und Deutlichkeit geben bestehende Gesetze und die Rechtssprechung die obersten Kriterien an, denen Beratung, Planung, Bauleitung und Ausführung genügen müssen. Zahlreiche Hinweise zu dieser Thematik sind in den Ausgaben 4 (**FEHLER**) und 5 (**PROBLEME**) der Fachbuchreihe **Dachabdichtung Dachbegrünung** ausführlich beschrieben und erklärt.

»Man kann einige Leute die ganze Zeit, und alle einige Zeit zum Narren machen, nicht aber alle die ganze Zeit« (Abraham Lincoln).

Abbildung 47:
Lüfter auf Dachfläche.

8. Nachwort

Die Thematik der Dachabdichtung und Dachbegrünung ist aufgrund der Vielzahl von Produkten, die heute auf dem Markt angeboten werden, sehr vielfältig und komplex. Für den Einzelnen wird es immer schwerer sich zu orientieren, bzw. sich das notwendige Fachwissen auf diesem Spezialgebiet anzueignen.

Zahlreiche Ausführungsbeispiele verdeutlichen, dass dauerhaft funktionssichere Flachdachlösungen möglich sind, diese jedoch hohe und jeweils projektspezifische Anforderungen an den Aufbau, an die einzelnen Funktionsschichten, sowie an die Planung und Ausführung stellen.

Aus den detaillierten Ausführungen der Verfasser resultieren Mindestanforderungen, die projektspezifisch zu interpretieren sind. Als Entscheidungshilfen für die Auswahl der wichtigsten Funktionsschicht des Flachdaches - der Dachabdichtung - können die vom Verfasser vorgeschlagenen Formblätter verwendet werden. Die Verwendung dieser Formblätter hat sich seit Jahren bewährt, denn die Produkte werden vergleichbar und somit die projektbezogenen Entscheidungen erleichtert. Voraussetzung für ein richtiges Handeln bei der Planung ist ein gewisses Grundwissen. Wer nicht über ein solches verfügt, sollte sich an einen erfahrenen Sachverständigen oder Sonderfachmann wenden. Dies hat sich in der Vergangenheit bei zahlreichen Baumaßnahmen bewährt.

Wer die Materie nicht beherrscht, soll vom (begrünten) Flachdach fernbleiben. Er schadet damit nicht nur den aufgeschlossenen Bauherrn, sondern auch der Vielzahl von verantwortungsvollen Planern und Sachverständigen, erfahrenen Verarbeitern und praxisorientierten Herstellern, die alle zusammen ein gemeinsames Ziel haben:

ein dauerhaft dichtes (und begrüntes) Flachdach.

Final remarks

Because of the wide range of products now available on the market, the subject of roof sealing and rooftop planting is very diverse and complex. It is becoming more and more difficult for individual users to find their way around, or to acquire the necessary specialist knowledge in this particular field.

Many different examples show clearly that it is possible to build durable and reliable flat roofs, but that this requires the application of high standards, which are specific to each project, for the structure, the individual functional layers and for planning and execution.

The detailed work carried out by the author has produced a number of minimum requirements which should be interpreted on a project-specific basis. The use of these forms has proved successful for years, since they allow a comparison of the products, and project-related decisions are thus easier.

The precondition for taking the right steps in planning is a certain amount of basic knowledge. People who do not have this should get in touch with an experienced expert or specialist. The effectiveness of this advice has been proved in many different building projects.

Anyone who is not familiar with the subject matter should stay well away from flat roofs (with rooftop gardens). Otherwise, problems will ensure not only for the innocent building developer but also for the many responsible planners and experts, experienced skilled workers and serious manufacturers who all have a common aim:

building a flat roof that is permanently watertight (and covered with vegetation).

Abbildung 48:
Extensivbegrünung Uni Irchel

Bilan

En raison de la multiplicité des produits présents à l'heure actuelle sur le marché, la thématique étanchéisation et végétalisation des toitures présente des aspects complexes et multiformes. Pour le particulier, il est de plus en plus difficile de s'orienter ou encore d'acquérir les connaissances spécialisées indispensables pour prendre des décisions en connaissance de cause dans ce domaine bien particulier.

De nombreux exemples de réalisations montrent qu'il est possible de trouver des formules qui garantissent à long terme la fonctionnalité d'un toit plat mais il apparaît en même temps que celles-ci doivent répondre à des exigences sévères et spécifiques tant pour ce qui est de la composition et de l'aménagement des couches fonctionnelles qu'au niveau de la planification et de l'exécution du projet.

Les études détaillées auxquelles se sont livrés les auteurs du présent ouvrage ont permis d'établir une liste d'exigences minimum, dont l'interprétation est fonction du projet spécifique envisagé. Les formulaires proposés sont conçus pour fournir une aide efficace au moment des prises de décision en faveur de telle ou telle couche fonctionnelle.

Depuis des années, ces formulaires ont fait preuve de leur utilité car ils permettent de comparer les divers produits, ce qui facilite les prises de décision en fonction du projet envisagé.

Au stade de la planification, certaines connaissances de base sont une condition absolument indispensable. Celui qui ne dispose pas de ce minimum de savoir technique doit impérativement s'adresser à un expert ou à un spécialiste de la question. Cette façon de procéder a maintes fois fait ses preuves par le passé.

Le non-spécialiste ne doit pas se lancer dans l'aventure d'un toit plat végétalisé/toiture-jardin. En effet, il nuit non seulement au maître d'ouvrage ouvert à la nouveauté mais encore aux nombreux planificateurs et experts responsables, aux maîtres d'œuvre expérimentés et aux fabricants sérieux qui ont tous un objectif commun:

la réalisation d'une toiture-terrasse durablement étanche et verte.

VIII. Tabellen

1. Testergebnisse

Übersichtstabelle mit allen Testergebnissen und Bewertung.
Table summarising all the test results and evaluation.
Résultats des essais: tableau récapitulatif de tous les résultats des essais, avec notation.

Abbildung 49:
Blick aus dem Schulungsraum der BBI / Freiburg.

Proben-nummer	Werk-stoff	Dicke gesamt	Einlage	Kaschierung Bestreuung	Massänd. in Wäme l. / q.	Test 01 Abroll-Länge	Test 02 Nagel	Test 03 Zigaretten glut	Test 04 Hartlöt-tropfen	Test 05 Fetteinwirkung	Test 6a Kälte-bruch	Test 6b Kälte-bruch	Test 6c Kälte-bruch
Werkstoffgruppe ECB (*) Tiefbau- / Depaniebahn													
A 2/01	ECB	2,0	GV	-	0,3	<5 / <5	dicht	dicht	dicht	plan	-20°	-15°	-15°
A 2/02	ECB	2,0 / 3,0	GV	PV	0,3	<5 / <5	dicht	dicht	dicht	plan	-15°	-5°	-5°
A 2/03	ECB	2,0	GV	-	0,2	48 / 11	dicht	dicht	durch	leicht gerollt	-30°	-15°	-15°
A 2/04	ECB	2,0	GV	-	0,5	<5 / <5	dicht	dicht	durch	plan	-30°	-30°	-30°
A 2/05	ECB	2,0	GV	-	< 1,0	27 / 6	dicht	dicht	durch	leicht gerollt	-15°	-15°	-5°
A 2/06	ECB	2,5	GV	PV	< 0,3	23 / <5	dicht	dicht	dicht	plan	-20°	-15°	-15°
A 2/07	ECB	2,0	GV	PV	-	13 / 6	dicht	dicht	dicht	plan	-20°	-15°	-15°
A 2/08	ECB	2,0	GV	-	-	24 / 10	dicht	dicht	durch	plan	-20°	-15°	-15°
A 2/09	ECB	2,0	GV	-	-	13 / <5	dicht	dicht	durch	stark gerollt	-20°	-15°	-15°
A 2/10	ECB*	2,6	GV	-	-	<5 / <5	dicht	dicht	dicht	leicht gerollt	-15°	-15°	-15°
Werkstoffgruppe EPDM / IIR (*) Thermoplastisches Elastomer													
B 3/01	EPDM*	1,2 / 2,2	-	PV	0,4 / 0,1	<5 / <5	dicht	dicht	dicht	stark gerollt	-30°	-30°	-30°
B 3/02	EPDM*	1,5 / 2,5	-	PV	0,4 / 0,1	<5 / <5	dicht	dicht	dicht	leicht gerollt	-30°	-30°	-30°
B 3/03	EPDM	1,5	-	-	0,3	79 / 52	dicht	dicht	dicht	gerollt / Blasen	-30°	-30°	-30°
B 3/04	EPDM	1,5 / 2,5	-	PV	-	71 / 42	dicht	dicht	dicht	gerollt / Blasen	-30°	-30°	-25°
B 3/05	EPDM	1,5 / 2,5	-	PV	1,0 / 0,6	45 / <5	dicht	dicht	dicht	leicht gerollt	-30°	-30°	-30°
B 3/06	EPDM	1,2	-	-	-	99 / 82	durch	dicht	dicht	gerollt / Blasen	-30°	-30°	-30°
B 3/07	EPDM	1,3 / 1,5	-	GV	0,35	30 / <5	dicht	dicht	dicht	ganz eingerollt	-30°	-30°	-30°
B 3/08	EPDM	1,3	-	-	0,35	81 / 80	dicht	dicht	dicht	gerollt / Blasen	-30°	-30°	-30°
B 3/09	EPDM	1,3 / 2,3	-	PV	-	31 / <5	dicht	dicht	dicht	ganz eingerollt	-30°	-30°	-30°
B 3/12	EPDM	1,0	-	-	-	92 / 79	durch	dicht	dicht	gerollt / Blasen	-30°	-30°	-30°
B 3/13	EPDM	1,2	-	-	-	99 / 82	durch	dicht	dicht	gerollt / Blasen	-30°	-30°	-30°
B 3/14	EPDM	1,5	-	-	-	99 / 77	dicht	dicht	dicht	gerollt / Blasen	-30°	-30°	-30°
B 6/01	IIR	1,5	-	-	0,05	41 / 8	dicht	dicht	dicht	gerollt / Blasen	-30°	-30°	-30°
Werkstoffgruppe EVA													
C 4/01	EVA	1,2 / 2,2	-	PV	0,4 / <0	<5 / <5	dicht	dicht	dicht	plan	-30°	-30°	-25°
C 4/02	EVA	1,5 / 2,5	-	PV	0,4 / <0	<5 / <5	dicht	dicht	dicht	plan	-30°	-30°	-20°
C 4/03	EVA	1,2 / 2,2	-	PV	< 0,5	42 / <5	durch	Brandloch	dicht	plan	-30°	-30°	-25°
Sonstige;: PEC, PIB, LLD-PE													
D 7/01	PEC	1,5	PW	-	< 0,2	<5 / <5	dicht	Brandloch	dicht	plan	-30°	-30°	-25°
D 9/01	PIB	1,5 / 2,5	-	PV	< 0,5	<5 / <5	dicht	dicht	dicht	plan	-30°	-30°	-25°
D 2/11	HD-PE	2,0	-	-	-	<5 / <5	dicht	dicht	durch	stark gerollt	-30°	-30°	-30°
Flüssigkunststoffe													
E 8/01	UP	~2,5	PV	-	< 0,1	58 / 6	dicht	dicht	dicht	plan	0°	n.mb.	n.mb.
E 8/02	UP	~2,5	PV	-	< 0,1	48 / 6	dicht	dicht	dicht	plan	0°	n.mb.	n.mb.
E 8/03	PUR	~2,0	PV	-	-	99 / 89	dicht	dicht	durch	plan	-30°	-15°	-15°
E 8/04	EA	~1,2	PV	-	-	63 / 13	durch	dicht	dicht	plan	-20°	-15°	-15°
Werkstoffgruppe TPO													
F 14/02	TPO	1,8	PW	-	<0,35	33 / <5	dicht	dicht	dicht	eingerollt	-30°	-30°	-30°
F 14/03	TPO	1,6	GV	-	<0,35	31 / <5	dicht	dicht	dicht	leicht gerollt	-30°	-30°	-30°
F 14/04	TPO	2,0	GV	-	0,1	47 / 24	dicht	dicht	dicht	plan	-30°	-30°	-30°
F 14/05	TPO	2,0	GV	-	<0,1	8 / <5	dicht	dicht	dicht	stark gerollt	-30°	-30°	-30°
F 14/06	TPO	2,0	GV	-	<0,1	7 / <5	dicht	dicht	dicht	stark gerollt	-30°	-30°	-30°
F 14/07	TPO	2,0	GV	-	0,2	25 / 11	dicht	dicht	dicht	stark gerollt	-30°	-25°	-25°
F 14/08	TPO	1,5	PW	-	<0,2	<5 / <5	dicht	Brandloch	dicht	ganz eingerollt	-30°	-30°	-30°
F 14/09	TPO	1,5	PW	-	0	<5 / <5	dicht	Brandloch	dicht	leicht gerollt	-30°	-30°	-30°
F 14/10	TPO	1,8	PW	-	0	<5 / <5	dicht	dicht	dicht	leicht gerollt	-30°	-30°	-30°
F 14/11	TPO	1,5	PW	-	-	<5 / <5	dicht	dicht	dicht	stark gerollt	-30°	-30°	-30°
F 14/12	TPO	1,2	-	-	-	<5 / <5	duch	Brandloch	durch	ganz eingerollt	-30°	-30°	-30°
F 14/13	TPO	2,5	GV	-	<0,1	49 / 24	dicht	dicht	dicht	stark gerollt	-30°	-30°	-30°
F 14/14	TPO	2,0	GV	-	<1,0	33 / 11	dicht	Brandloch	durch	stark gerollt	-30°	-30°	-30°
F 14/15	TPO	1,5	PW	-	-	<5 / <5	dicht	Brandloch	durch	ganz eingerollt	-30°	-30°	-30°
F 14/16	TPO	1,5	PW	-	-	<5 / <5	dicht	Brandloch	durch	ganz eingerollt	-30°	-30°	-30°
F 14/17	TPO	1,2	PW	-	<0,5	35 / 13	durch	Brandloch	durch	ganz eingerollt	-30°	-30°	-30°

Tabelle 42:
Zusammenstellung aller Testergebnisse.

Test 07 Warmwasser-lagerung	Test 08 Kalkmilch	Test 09 Säure-lösung	Test 10 Kompost-lagerung	Test 11 Hydrolyse	Test 12 Fisch-test	Test 13 Kältekontraktion		Gesamt-bewertung	Valuation	Évaluation	Eigene Bewertung
Werkstoffgruppe ECB											
deutlich	deutlich	+ / -	deutlich	~ 8,17 %	> 24	261,501		befriedigend	satisfying	satisfaisant	
deutlich	+ / -	+ / -	gering	+ / -	< 9	247,333		befriedigend	satisfying	satisfaisant	
gering	gering	+ / -	gering	+ / -	> 24	192,116		gut	good	bon	
gering	gering	+ / -	+ / -	+ / -	> 24	197,166		sehr gut	excellent	très bon	
+ / -	deutlich	stark	stark	+ / -	> 24	241,752		ausreichend	sufficient	suffisant	
deutlich	gering	gering	+ / -	+ / -	> 24	243,751		gut	good	bon	
+ / -	deutlich	deutlich	deutlich	+ / -	> 24	253,916		befriedigend	satisfying	satisfaisant	
gering	gering	+ / -	gering	+ / -	> 24	243,752		befriedigend	satisfying	satisfaisant	
gering	gering	gering	gering	+ / -	< 24	282,416		ausreichend	sufficient	suffisant	
stark	deutlich	deutlich	deutlich	+ / -	< 12	458,333		ausreichend	sufficient	suffisant	
Werkstoffgruppe EPDM / IIR											
gering	gering	deutlich	deutlich	+ / -	> 24	36,583		gut	good	bon	
deutlich	gering	gering	gering	+ / -	> 24	45,416		sehr gut	excellent	très bon	
+ / -	gering	gering	gering	+ / -	< 9	10,166		sehr gut	excellent	très bon	
stark	deutlich	deutlich	deutlich	+ / -	< 9	12,916		befriedigend	satisfying	satisfaisant	
stark	deutlich	deutlich	deutlich	+ / -	< 3	41,833		befriedigend	satisfying	satisfaisant	
+ / -	gering	+ / -	gering	+ / -	< 3	4,416		gut	good	bon	
deutlich	deutlich	stark	deutlich	+ / -	< 3	14,501		befriedigend	satisfying	satisfaisant	
deutlich	deutlich	gering	deutlich	+ / -	> 24	7,252		gut	good	bon	
gering	gering	deutlich	deutlich	+ / -	< 9	12,751		gut	good	bon	
gering	deutlich	gering	gering	+ / -	< 3	2,166		gut	good	bon	
deutlich	deutlich	gering	deutlich	+ / -	< 3	2,583		gut	good	bon	
gering	deutlich	gering	gering	+ / -	< 3	7,502		gut	good	bon	
sehr stark	deutlich	stark	deutlich	+ / -	< 3	25,583		befriedigend	satisfying	satisfaisant	
Werkstoffgruppe EVA											
sehr stark	gering	deutlich	gering	+ / -	> 24	194,833		gut	good	bon	
sehr stark	gering	deutlich	gering	+ / -	< 9	215,666		gut	good	bon	
sehr stark	deutlich	deutlich	deutlich	+ / -	< 9	245,333		befriedigend	satisfying	satisfaisant	
Sonstige;: PEC, PIB, LLD-PE											
deutlich	+ / -	deutlich	deutlich	+ / -	> 24	94,166		gut	good	bon	
deutlich	deutlich	deutlich	gering	+ / -	> 24	39,917		gut	good	bon	
deutlich	+ / -	gering	gering	+ / -	> 24	26,751		befriedigend	satisfying	satisfaisant	
Flüssigkunststoffe											
stark	deutlich	gering	gering	~15,90 %	< 1	349,833		ungenügend	insufficient	insuffisant	
stark	deutlich	gering	gering	~17,10 %	< 1	302,417		ungenügend	insufficient	insuffisant	
gering	deutlich	aufgelöst	deutlich	~ 2,90 %	< 1	12,083		ausreichend	sufficient	suffisant	
deutlich	deutlich	aufgelöst	gering	~ 1,30 %	< 1	10,834		ungenügend	insufficient	insuffisant	
Werkstoffgruppe TPO											
deutlich	gering	gering	gering	+ / -	> 24	188,333		sehr gut	excellent	très bon	
gering	gering	gering	gering	+ / -	> 24	136,083		sehr gut	excellent	très bon	
deutlich	gering	deutlich	gering	+ / -	< 9	315,833		gut	good	bon	
deutlich	gering	gering	deutlich	+ / -	< 3	223,083		befriedigend	satisfying	satisfaisant	
stark	gering	deutlich	deutlich	+ / -	> 24	429,166		befriedigend	satisfying	satisfaisant	
gering	gering	gering	gering	+ / -	> 24	307,667		gut	good	bon	
gering	gering	gering	gering	+ / -	> 24	177,167		befriedigend	satisfying	satisfaisant	
deutlich	deutlich	deutlich	deutlich	~ 1,49 %	< 9	92,552		ausreichend	sufficient	suffisant	
stark	deutlich	gering	gering	~ 2,22 %	< 9	168,751		befriedigend	satisfying	satisfaisant	
stark	stark	stark	stark	+ / -	< 12	249,252		befriedigend	satisfying	satisfaisant	
gering	+ / -	+ / -	+ / -	+ / -	< 6	106,333		befriedigend	satisfying	satisfaisant	
deutlich	gering	gering	deutlich	+ / -	< 1	173,333		gut	good	bon	
stark	gering	+ / -	deutlich	+ / -	< 24	273,666		befriedigend	satisfying	satisfaisant	
sehr stark	stark	deutlich	stark	+ / -	< 24	136,333		ausreichend	sufficient	suffisant	
deutlich	deutlich	gering	deutlich	+ / -	< 24	78,583		ausreichend	sufficient	suffisant	
gering	deutlich	deutlich	deutlich	+ / -	> 24	100,416		ausreichend	sufficient	suffisant	

(n.mb. = nicht messbar)

Fortsetzung nächste Seite

Proben-nummer	Werk-stoff	Dicke gesamt	Einlage	Kaschierung Bestreuung	Massänd. in Wäme l. / q.	Test 01 Abroll-länge	Test 02 Nagel	Test 03 Zigaretten glut	Test 04 Hartlöt-tropfen	Test 05 Fetteinwirkung	Test 6a Kälte-bruch	Test 6b Kälte-bruch	Test 6c Kälte-bruch
Werkstoffgruppe PVC													
G 10/01	PVC	1,2	GV	-	0	75 / 55	durch	Brandloch	dicht	leicht gerollt	-30°	-30°	-30°
G 10/02	PVC	1,5	PW	-	<0,15	65 / 31	dicht	Brandloch	dicht	stark gerollt	-25°	-25°	-25°
G 10/03	PVC	1,5	GV	-	0	73 / 19	dicht	Brandloch	dicht	leicht gerollt	-25°	-15°	-15°
G 10/04	PVC	1,5	PV	-	<0,2	50 / <5	dicht	Brandloch	dicht	leicht gerollt	-25°	-20°	-20°
G 10/05	PVC	1,2	PV	-	0,61 / 0,28	73 / 63	durch	Brandloch	durch	ganz eingerollt	-30°	-30°	-25°
G 10/06	PVC	1,5	PV	-	0,61 / 0,28	98 / 64	dicht	Brandloch	dicht	plan	-15°	-15°	-15°
G 10/07	PVC	1,2	PV	-	-	64 / 25	durch	Brandloch	dicht	stark gerollt	-30°	-30°	-25°
G 10/08	PVC	1,5	GV	-	<0,05	73 / 36	dicht	Brandloch	durch	eingerollt	-25°	-25°	-25
G 10/09	PVC	2,0	GV	-	<0,05	67 / 27	dicht	dicht	dicht	leicht gerollt	-30°	-30°	-30°
G 10/10	PVC	1,8	PW	-	<0,05	61 / 25	dicht	Brandloch	dicht	leicht gerollt	-30°	-30°	-30°
G 10/11	PVC	1,5	PW	-	-	64 / 38	dicht	Brandloch	dicht	eingerollt	-30°	-30°	-25°
G 10/12	PVC	1,5	GV	-	-	77 / 59	dicht	Brandloch	dicht	leicht gerollt	-30°	-30	-30°
G 10/13	PVC	2,4	GV	-	0	68 / 31	dicht	dicht	dicht	eingerollt	-30°	-30°	-30
G 10/14	PVC	2,4	GV	-	0,1	60 / 35	dicht	dicht	dicht	eingerollt	-30°	-30°	-30°
G 10/15	PVC	1,5	-	-	1,5	68 / 25	dicht	Brandloch	dicht	stark gerollt	-30°	-30°	-30°
G 10/16	PVC	2,0	GV	-	0	61 / 40	dicht	Brandloch	dicht	leicht gerollt	-30°	-30°	-25°
G 10/17	PVC	1,5	PW	-	-	98 / 70	dicht	Brandloch	dicht	plan	-25°	-15°	-15°
G 10/18	PVC	1,5	PW	-	<0,3	65 / 35	dicht	Brandloch	dicht	ganz eingerollt	-30°	-30°	-25°
G 10/19	PVC	1,2	PW	-	0,5 / 0,2	65 / 19	durch	Brandloch	dicht	eingerollt	-30°	-30°	-25°
G 10/20	PVC	2,4 / 3,4	-	PV	0,41 / 0,29	<5 / <5	dicht	dicht	dicht	eingerollt	-30°	-30°	-25°
G 10/21	PVC	1,8 / 2,8	-	PV	0,13 / 0,34	<5 / <5	dicht	dicht	dicht	eingerollt	-30°	-30°	-20°
G 10/22	PVC	2,0	-	GG	<0,15	52 / 12	dicht	dicht	dicht	leicht gerollt	(+10°)	+15°	+15°
G 10/23	PVC	2,0	-	-	<0,5	67 / 46	dicht	Brandloch	dicht	plan	-25°	-15°	-15°
G 10/25	PVC	1,5	PW	-	0,5 / 0,2	63 / 19	dicht	Brandloch	durch	leicht gerollt	-25°	-30°	-30°
G 10/26	PVC	1,8	PW	-	0,5 / 0,2	61 / 26	dicht	Brandloch	dicht	plan	-30°	-30°	-25°
G 10/27	PVC	2,4	GV	-	<0,5	33 / 20	dicht	dicht	dicht	plan	-30°	-30°	-30°
G 10/28	PVC	1,5	PW	-	0,4 / 0,1	38 / 18	dicht	Brandloch	dicht	plan	-20°	-15°	-10°
G 10/29	PVC	1,5	PW	-	0,4 / 0,1	13 / <5	dicht	dicht	durch	stark gerollt	-30°	-30°	-30°
G 10/30	PVC	1,2	PW	-	~0,5	48 / 32	dicht	Brandloch	durch	ganz eingerollt	-30°	-30°	-30°
Werkstoffgruppe PYE													
H 11/01	PYE-DIN	~5,0		Schiefer	+100° / -25°	17 / <5	dicht	dicht	dicht	plan	0°	-10°	+5°
H 11/02	PYE-WS	~5,0	PV	Schiefer	+120° / -36°	57 / 19	dicht	dicht	dicht	plan	(-20°)	-5°	-5°
H 11/03	PYE-Top	~4,0	GG	Schiefer	+100° / -30°	37 / 13	dicht	dicht	dicht	plan	-20°	-5°	-5°
H 11/04	PYE-DIN	~5,0	PV	Schiefer	+120° / -36°	37 / <5	dicht	dicht	dicht	plan	(-20°)	-5°	-5°
H 11/05	PYE-Top	~4,0	GGVV	Talkum	+90° / -15°	6 / 6	dicht	dicht	dicht	plan	+15°	+15°	+15°
H 11/06	PYE-WS	~4,5	GGVV	Schiefer	+90° / -15°	30 / 9	dicht	dicht	dicht	plan	+10°	+15°	+15°
H 11/07	PYE-DIN	~5,2	PV	Schiefer	+110° / -15°	<5 / <5	dicht	dicht	dicht	plan	-20°	-15°	-15°
H 11/08	PYE-DIN	~5,0	PV	Schiefer	+100° / -25°	81 / 56	dicht	dicht	dicht	plan	(-20°)	-15°	-10°
H 11/09	PYE-DIN	~4,0	GW	Talkum	+100° / -15°	63 / <5	dicht	dicht	dicht	plan	0°	+10°	+15°
H 11/10	PYE-Top	~5,0	PW/GW	Schiefer	+115° / -30°	66 / 27	dicht	dicht	dicht	plan	-5°	0°	+5°
H 11/11	PYE-DIN	~5,0	PV	Schiefer	+100° / -15°	12 / 11	dicht	dicht	dicht	plan	-5°	-5°	-5°
H 11/12	PYE-WS	~5,0	CU	Talkum	+80° / -10°	40 / 21	dicht	dicht	dicht	plan	+5°	+25°	+25°
H 11/13	PYE-WS	~5,0	CU	Sand	+100° / -25°	59 / 45	dicht	dicht	dicht	plan	-10°	0°	0°
H 11/14	PYE-WS	~5,0	PV	Sand	+100° / -25°	10 / 7	dicht	dicht	dicht	plan	(-10°)	0°	0°
H 11/15	PYE-DIN	~5,0	PV	Sand	+100° / -25°	11 / 8	dicht	dicht	dicht	plan	-5°	0°	0°
H 11/16	PYE-Top	~5,0	PV	Schiefer	+115° / -40°	65 / 9	dicht	dicht	dicht	plan	(-10°)	0°	+5°
H 11/20	PYE-Top	~4,0	PW	Schiefer	+105° / -30°	19 / 18	dicht	dicht	dicht	plan	(-10°)	0°	0°
H 11/21	PYE-Top	~5,2	PV	Schiefer	+110° / -35°	47 / 6	dicht	dicht	dicht	plan	(-10°)	+15°	+15°
H 11/22	PYE-Top	~5,4	PV	Schiefer	+100° / -25°	77 / 37	dicht	dicht	dicht	plan	0°	+5°	+5°
H 11/23	PYE-WS	~5,0	CU	Sand	+100° / -20°	63 / 18	dicht	dicht	dicht	plan	-10°	n.mb.	n.mb.
H 11/24	PYE-DIN	~5,0	PV	Talkum	+100° / -25°	6 / 6	dicht	dicht	dicht	plan	-5°	0°	0°
H 11/25	PYE-Top	~5,0	SPG	Schiefer	+110° / -30°	62 / 40	dicht	dicht	dicht	plan	(-10°)	+10°	+5°
H 11/26	PYE-DIN	~5,0	PV	Schiefer	+115° / -35°	11 / 8	dicht	dicht	dicht	plan	(-10°)	+5°	+5°
H 11/27	PYE-Top	~4,2	PV	Schiefer	+100° / -20°	<5 / <5	dicht	dicht	dicht	plan	-5°	+5°	+5°
H 11/28	PYE-Top	~5,2	PV	Schiefer	+115° / -35°	12 / <5	dicht	dicht	dicht	plan	-20°	-15°	-15°
H 11/29	PYE-WS	~5,0	CU	Sand	+80° / -5°	13 / <5	dicht	dicht	dicht	plan	-20°	n.mb.	n.mb.
H 11/30	PYE-Top	~4,7	PV	Sand	+120° / -35°	31 / 6	dicht	dicht	dicht	plan	+15°	+25°	+25°

Test 07	Test 08	Test 09	Test 10	Test 11	Test 12	Test 13		Gesamt-bewertung	Valuation	Évaluation	Eigene Bewertung
Warmwasser-lagerung	Kalk-milch	Säure-lösung	Kompost-lagerung	Hydrolyse	Fisch-test	Kältekontraktion					
Werkstoffgruppe PVC											
stark	gering	gering	deutlich	~ 6,40 %	< 1	19,917		befriedigend	satisfying	satisfaisant	
deutlich	gering	deutlich	gering	~ 0,43 %	< 1	18,534		ausreichend	sufficient	suffisant	
gering	gering	deutlich	gering	~ 0,43 %	< 3	24,216		ausreichend	sufficient	suffisant	
gering	gering	+ / -	+ / -	~ 0,16 %	< 3	29,201		befriedigend	satisfying	satisfaisant	
deutlich	deutlich	stark	gering	~ 0,48 %	< 1	5,583		ausreichend	sufficient	suffisant	
stark	deutlich	stark	gering	+ / -	< 1	12,867		ausreichend	sufficient	suffisant	
deutlich	gering	gering	gering	~ 0,40 %	< 1	33,333		befriedigend	satisfying	satisfaisant	
gering	deutlich	+ / -	gering	~ 0,31 %	< 1	21,502		ausreichend	sufficient	suffisant	
deutlich	deutlich	gering	gering	~ 0,19 %	< 1	30,734		gut	good	bon	
deutlich	gering	gering	gering	+ / -	< 1	37,151		gut	good	bon	
gering	gering	+ / -	deutlich	~ 0,22 %	< 3	4,483		befriedigend	satisfying	satisfaisant	
deutlich	gering	deutlich	stark	~ 0,89 %	< 3	6,301		befriedigend	satisfying	satisfaisant	
gering	gering	+ / -	gering	~ 1,39 %	< 12	27,267		sehr gut	excellent	très bon	
deutlich	gering	deutlich	gering	~ 0,27 %	< 1	11,983		gut	good	bon	
deutlich	deutlich	deutlich	gering	~ 0,20 %	< 1	27,505		befriedigend	satisfying	satisfaisant	
+ / -	gering	gering	deutlich	~ 1,89 %	< 24	15,616		gut	good	bon	
deutlich	gering	gering	gering	~ 0,60	< 1	55,555		ausreichend	sufficient	suffisant	
gering	gering	deutlich	deutlich	~ 0,66 %	< 3	17,366		ausreichend	sufficient	suffisant	
gering	gering	deutlich	+ / -	~ 0,85 %	< 1	31,852		befriedigend	satisfying	satisfaisant	
deutlich	deutlich	stark	deutlich	~ 0,18%	< 1	62,834		befriedigend	satisfying	satisfaisant	
stark	deutlich	gering	gering	~ 0,16 %	< 1	54,252		befriedigend	satisfying	satisfaisant	
deutlich	deutlich	stark	gering	~ 0,65 %	< 1	56,134		ungenügend	insufficient	insuffisant	
deutlich	gering	gering	gering	~ 0,52 %	< 1	58,033		ausreichend	sufficient	suffisant	
gering	deutlich	+ / -	deutlich	~ 0,33 %	< 3	41,005		ausreichend	sufficient	suffisant	
stark	deutlich	+ / -	deutlich	~ 0,40 %	< 1	32,502		befriedigend	satisfying	satisfaisant	
stark	+ / -	+ / -	+ / -	+ / -	< 1	226,833		sehr gut	excellent	très bon	
stark	+ / -	deutlich	gering	~ 0,78 %	< 1	286,583		ungenügend	insufficient	insuffisant	
gering	gering	gering	gering	~ 0,31 %	< 1	190,005		befriedigend	satisfying	satisfaisant	
deutlich	gering	gering	gering	~ 0,51 %	< 1	63,833		ausreichend	sufficient	suffisant	
Werkstoffgruppe PYE											
deutlich	deutlich	gering	deutlich	+ / -	< 9	90,833		ausreichend	sufficient	suffisant	
gering	gering	gering	gering	~ 0,12 %	< 9	35,002		befriedigend	satisfying	satisfaisant	
gering	stark	gering	deutlich	aufgelöst	< 9	7,916		ausreichend	sufficient	suffisant	
gering	gering	deutlich	gering	+ / -	< 9	81,666		befriedigend	satisfying	satisfaisant	
deutlich	gering	deutlich	gering	aufgelöst	< 24	57,251		ausreichend	sufficient	suffisant	
+ / -	deutlich	aufgelöst	gering	aufgelöst	< 3	111,583		ungenügend	insufficient	insuffisant	
gering	gering	gering	+ / -	~ 1,15 %	< 9	171,666		befriedigend	satisfying	satisfaisant	
gering	deutlich	+ / -	gering	+ / -	< 24	37,333		gut	good	bon	
deutlich	gering	stark	deutlich	aufgelöst	< 9	55,001		ausreichend	sufficient	suffisant	
+ / -	+ / -	gering	gering	aufgelöst	< 24	30,833		befriedigend	satisfying	satisfaisant	
+ / -	gering	+ / -	gering	+ / -	< 24	86,667		befriedigend	satisfying	satisfaisant	
gering	deutlich	gering	deutlich	aufgelöst	< 24	16,083		ausreichend	sufficient	suffisant	
sehr stark	stark	stark	stark	aufgelöst	< 24	57,916		ungenügend	insufficient	insuffisant	
gering	+ / -	+ / -	gering	~ 0,35 %	< 24	188,917		befriedigend	satisfying	satisfaisant	
gering	deutlich	+ / -	gering	~ 0,14 %	< 24	169,918		ausreichend	sufficient	suffisant	
+ / -	gering	+ / -	gering	+ / -	< 9	95,583		befriedigend	satisfying	satisfaisant	
deutlich	gering	gering	gering	+ / -	< 24	17,917		befriedigend	satisfying	satisfaisant	
deutlich	+ / -	+ / -	gering	+ / -	< 24	133,502		befriedigend	satisfying	satisfaisant	
sehr stark	gering	deutlich	gering	+ / -	< 24	57,917		befriedigend	satisfying	satisfaisant	
sehr stark	deutlich	deutlich	gering	aufgelöst	< 24	126,751		ausreichend	sufficient	suffisant	
stark	gering	gering	deutlich	+ / -	< 24	75,666		ungenügend	insufficient	insuffisant	
+ / -	+ / -	+ / -	+ / -	+ / -	< 24	72,502		gut *	good *	bon *	
gering	deutlich	+ / -	deutlich	+ / -	< 24	60,416		befriedigend	satisfying	satisfaisant	
deutlich	gering	deutlich	deutlich	+ / -	< 24	143,583		ausreichend	sufficient	suffisant	
deutlich	stark	stark	stark	~ 3,56 %	< 24	60,333		ausreichend	sufficient	suffisant	
stark	gering	deutlich	deutlich	+ / -	< 24	16,666		befriedigend	satisfying	satisfaisant	
gering	gering	gering	gering	+ / -	< 24	72,916		befriedigend	satisfying	satisfaisant	

2. Ergänzende Unterlagen

Integraler Bestandteil des Anforderungsprofils sind die Nachweise der Wurzelfestigkeit nach FLL und die Deklaration ökologischer Merkmale nach SIA 493.

2.1. Deklaration

Die Diskussion über ökologische Merkmale von Bauprodukten gewinnt zunehmend an Bedeutung. Der SIA (Schweizerischer Ingenieur- und Architektenverein) hat mit der SIA 493 (1997) eine Norm über die ökologischen Eigenschaften geschaffen. Die SIA-Bauproduktedeklaration ist eine strukturierte Darstellung der wichtigsten ökologischen Merkmale eines bestimmten Produktes und ermöglicht eine vergleichbare ökologische Gesamtbeurteilung.

In Anbetracht der in Dachbahnen immer noch festzustellenden Schwermetalle, Halogene, Biozide, etc. ist eine Deklaration der ökologischen Merkmale heutzutage für den verantwortungsbewussten Bauherrn, Planer und Verarbeiter unabdingbar.

2.2. Wurzelfestigkeit

Der Nachweis der Wurzelfestigkeit nach dem FLL-Verfahren ist heute Stand der Technik und sollte für alle Anwendungsbereiche nachgewiesen werden. Diese Forderung stellen ERNST, FISCHER, u.A., seit 1986, denn Pflanzen und damit Wurzeln (oder Rhizome) können überall vorkommen, insbesondere auf nicht gewarteten Kiesdächern.

»In die Bahn/Beschichtung ein- und durchgewachsenen Quecken-Rhizome werden festgestellt und im Prüfbericht aufgeführt, jedoch im Hinblick auf die Wurzelfestigkeit nicht gewertet« (FLL, 2002). Wenn keine Rhizomeindringung/-durchdringung festgestellt wird, wird dem Produkt »rhizomfest gegen Quecken« attestiert.

Die Dachbegrünungsrichtlinie (FLL, 2002) definiert die Mindestanforderungen bei begrünten Dächern klar und eindeutig: »Der Nachweis der Durchwurzelungsfestigkeit ist nach dem Verfahren zur Untersuchung der Wurzelfestigkeit von Bahnen und Beschichtungen für Dachbegrünungen, **FLL 1999**, zu führen«. Das heißt, dass Produkte, die nach älteren Verfahren geprüft wurden, nicht mehr den Mindestanforderungen der anzuwendenden Fachregeln entsprechen.

Eine aktuelle Auflistung der Bahnen mit FLL-Prüfzeugnis findet man im Internet auf den Seiten der Europäischen Vereinigung dauerhaft dichtes Dach - ddD e.V. unter: **http://www.ddDach.org**. Für eine vergleichende Betrachtung und projektspezifische Entscheidung ist es jedoch unumgänglich, den kompletten Prüfbericht vom Hersteller anzufordern und eigenverantwortlich zu prüfen. Dies betrifft insbesondere die Prüfberichte, die unvollständig vorgelegt wurden oder älter als 10 Jahre sind.

Wer den Empfehlungen der ddD e.V. folgt und Bitumenbahnen mit dem Testat »wurzel- und rhizomfest gegen Quecken« geprüft nach dem Verfahren, FLL (1999), verwendet, der handelt nach dem aktuellen Stand der Technik und vermeidet somit jegliche Diskussion bzw. eventuelle (gerichtliche) Auseinandersetzung.

2.3. Anwendung

»Obwohl auch in einzelnen europäischen Gremien darüber nachgedacht wird, Ausführungsnormen auf europäischer Ebene zu erarbeiten, gibt es noch keine entsprechenden Beschlüsse. Dies bedeutet, dass immer noch die jeweils nationalen Fachregeln gelten (STAUCH bei ERNST, 2005). In diesem Zusammenhang ist darauf hinzuweisen, dass ein »Prüfbericht über die Untersuchung des Widerstandes gegen Durchwurzelung bei Bahnen für Dachabdichtungen nach dem Europäischen Normenentwurf (prEN WI 00254027) **kein Prüfbericht gemäß FLL-Verfahren** und somit **nicht fachregelkonform** ist. Der Bericht ist auch **nicht vergleichbar**, da die Prüfung ohne die beim FLL-Verfahren eingesetzte Ackerquecke - also mit wesentlich geringerer Beanspruchung - erfolgte.

Abbildung 50:
Durchwurzelung einer Polymerbitumenbahn. Deutlich erkennbar sind die Einschnürungen der Wurzel im Bereich der Trägereinlage.

ISBN 3-00-013967-2

Sonderband Abdichtung
Auszugsweiser Nachdruck
von Teil 1 und Teil 2.

ISBN 3-8167-6326-X

ISBN 3-8167-6120-8

ISBN 3-8167-6602-1

Fachbuchreihe

Dachab **dicht** ung
Dachbe **grün** ung

von Wolfgang ERNST

mit Prof. P. Fischer, M. Jauch, Prof. H.- J. Liesecke, u.a.

In der Fachbuchreihe wird die Gesamtthematik von (begrünten) Dächern mit Abdichtungen ausführlich behandelt und der aktuelle Stand der Technik dargestellt.

In **Teil 1** (1992) sind praxisorientierte Tests beschrieben, anhand derer eine Gegenüberstellung und einheitliche Beurteilung von Kunststoff-, Kautschuk-, Bitumenbahnen und Flüssigfolien möglich wird.

Teil 2 (1999) ist die konsequente Fortschreibung dieser Untersuchungen und erfasst die in den letzten Jahren hinzugekommenen Produkte von 39 Herstellern aus 11 Ländern. Ein umfangreicher Vergleich von über 100 Bahnen und Beschichtungen verdeutlicht die aktuelle Marktsituation. Die am besten bewerteten Bahnen zeigen den heute machbaren Qualitätsstandard auf.

Aufgrund der Aktualität wurden die inzwischen vergriffenen Teile 1 und 2 als **Sonderband Abdichtung** (2004) zusammengefasst.

Teil 3 (2003) verdeutlicht Dachkonstruktionen aus nachhaltiger Sicht und den heute machbaren Qualitätsstandard bei Dächern mit Abdichtungen und Extensivbegrünungen. Aus langjährigen wissenschaftlichen Untersuchungen resultieren qualitative Anforderungen an Stoffe, den Begrünungsaufbau und die Vegetation. Teil 3 ist eine aktuelle Ergänzung zum Sonderband Abdichtung. Beide Bände bieten umfassende Informationen zum Stand der Technik.

In der **4. Ausgabe: FEHLER - Ursachen, Auswirkungen und Vermeidung** (2002) - hat der Autor typische und immer wieder vorkommende Fehler zusammengetragen und zeigt diese in über 250 farbigen Abbildungen. Grundlegende Erkenntnisse daraus werden aufgearbeitet und Möglichkeiten der Fehlervermeidung dargestellt. Hinweise für das richtige Verhalten aller Baubeteiligten ergänzen die Thematik.

Mit der **5. Ausgabe PROBLEME - Grundlagen, Erkenntnisse und Lösungen** (2005) werden von den Autoren vielfältige Problemstellungen bei Konstruktion, Aufbau, Abdichtung und Begrünung verdeutlicht. Grundlagen, Erkenntnisse und Lösungen sind ausführlich beschrieben und mit für die Planungs- und Baupraxis wichtigen Hinweisen versehen. Ausgabe 5 ist eine aktuelle Ergänzung der Fachbuchreihe und beinhaltet ein Gesamtregister über alle Ausgaben.

Die Bände der Fachbuchreihe **Dachabdichtung Dachbegrün**ung können einzeln oder als Fachbuchpaket (ISBN 3-8167-6362-6) zum Sonderpreis im **Fraunhofer IRB Verlag** bezogen werden.

Fraunhofer IRB ▪ Verlag
Der Fachverlag zum Planen und Bauen

Postfach 80 04 69 · 70504 Stuttgart · Tel. 0711 / 9 70–25 00
Fax 0711 / 970–25 08 · irb@irb.fraunhofer.de · www.IRBbuch.de

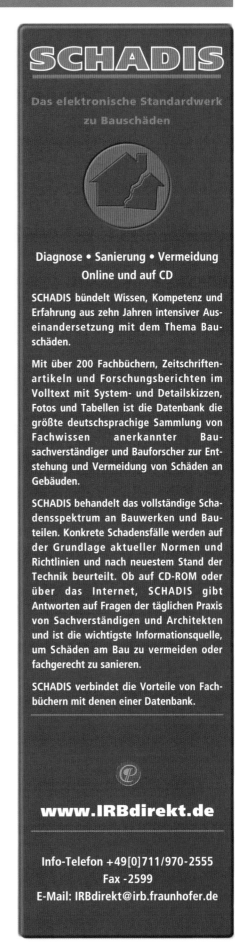
Fraunhofer IRB ▪ Verlag
Der Fachverlag zum Planen und Bauen
Postfach 80 04 69 · 70504 Stuttgart · Tel. 0711 / 9 70–25 00 · Fax 0711 / 970–25 08 · irb@irb.fraunhofer.de · www.IRBbuch.de